食用菌
规模化栽培技术图解

孟庆国 侯 俊 高 霞 主编

化学工业出版社

·北京·

内容简介

本书系统介绍了规模化种植羊肚菌、草菇、鸡腿菇、大球盖菇、双孢菇五种食用菌的菌种选择与制作、发菌管理、栽培管理、出菇管理、病虫害防治、栽培常见问题及处理措施等，对整地、搭棚、播种、覆膜、养菌、催菇、采收、分级、保鲜、加工等工艺流程的技术要点作了详细讲解。本书图文并茂，13个二维码操作视频和近700幅彩色照片为从事食用菌工作的农业推广人员、科技人员以及食用菌企业和广大食用菌种植户在实际研究和生产过程提供指导和参考。

图书在版编目（CIP）数据

食用菌规模化栽培技术图解/孟庆国，侯俊，高霞
主编. —北京：化学工业出版社，2021.1（2025.4重印）
ISBN 978-7-122-38071-5

Ⅰ.①食…　Ⅱ.①孟…　②侯…　③高…　Ⅲ.①食用菌
-蔬菜园艺-图解　Ⅳ.①S646-64

中国版本图书馆CIP数据核字（2020）第244198号

责任编辑：李　丽　　　　　　　　　加工编辑：孙高洁
责任校对：宋　玮　　　　　　　　　装帧设计：关　飞

出版发行：化学工业出版社（北京市东城区青年湖南街13号　邮政编码100011）
印　　装：涿州市般润文化传播有限公司
710mm×1000mm　1/16　印张18¾　字数361千字　2025年4月北京第1版第4次印刷

购书咨询：010-64518888　　　　　　　售后服务：010-64518899
网　　址：http://www.cip.com.cn

凡购买本书，如有缺损质量问题，本社销售中心负责调换。

定　价：99.00元　　　　　　　　　　　　　　　版权所有　违者必究

编写人员名单

主　编：孟庆国　侯　俊　高　霞

副主编：邢　岩　宋国柱　曹修才　梁　晨
　　　　　赵英同　罗金洲　纪　燕

参　编（按姓氏笔画排序）：

于广峰	于虎元	王　颖	王　静	王妮妮	王禹凡
邓　瑶	孔凡玉	叶　博	付　明	司海静	吕丽英
朱永丰	刘　娜	刘国宇	刘胜伍	安广杰	许　远
孙宏强	杨大海	杨春新	杨俊达	李　非	李　超
李　赞	李　鑫	李玉丰	李亚男	李泽南	李泽锋
佟海洋	邹庆道	辛　颖	辛子军	张　昆	张　明
张　鹏	张　璐	张秀梅	张利玲	张青狮	范鸿凯
易　阳	罗　福	周晴晴	孟凡生	孟庆丽	孟庆海
孟彦霖	孟宪华	孟祥波	赵　珺	赵　琦	赵百灵
赵英同	胡延平	胡俊峰	钟丽娟	聂　阳	贾　倩
徐　冲	徐丽丽	郭　月	郭玲玲	郭殿花	席海军
曹　猛	康喜存	董　义	韩　冰	燕炳辰	薛　静
冀宝赢					

　　对于循环农业而言，食用菌就是阿基米德支点，而草腐菌就是点草成金的使者。众所周知，我国林业资源紧缺，用作物秸秆、畜禽粪便种植草腐菌（羊肚菌、草菇、鸡腿菇、大球盖菇、双孢菇等）能变废为宝、提高效益，种植且废料处理后还可还田种菜，实现了对环境的零污染，是国家提倡的绿色生产发展方向，也是食用菌种植的一种发展趋势。羊肚菌是一种很名贵的食用菌，近年实现了大田栽培，发展前景广阔。我们根据多年的生产经验和国内外先进的科研成果，采用图文结合的形式，系统介绍了羊肚菌、草菇、鸡腿菇、大球盖菇和双孢菇的栽培技术，编写中突出全面性与实用性。这几类食用菌栽培具有较高的应用推广价值，是科技脱贫致富的好途径，本书可作为广大科技人员和生产者的参考资料。

　　本书在编写过程中，得到了有关单位领导、专家和同行的关注。黑龙江省农业科学院倪淑君老师、山东省聊城市农业科学研究院曹修才老师、辽宁农业职业技术学院崔松英老师、辽宁朝阳市设施农业管理中心席海军老师、辽宁安广杰老师，以及四川菌之味农业开发有限公司总经理罗金洲、山东金太阳农业发展有限公司总经理周晴晴、辽宁新民市东丰种植专业合作社总经理李玉丰、山东三生万物生物科技有限公司总经理聂阳、河北平泉县希才应用菌科技发展有限公司梁晓生、河北邢台菇味多食品有限公司总经理路民安、辽宁朝阳鑫源农副产品开发有限公司总经理于虎元、辽宁双惠生态菌业开发有限公司总经理刘胜伍、辽宁盖州市陈屯镇俊达农场杨俊达等给予了鼎力支持，提供了宝贵的资料和技术图片、视频。孟彦霖参与了本书的视频编辑，一些富有实践经验的技术员曹猛、李泽南、邓瑶、易阳、赵百灵等人也对本书提出了很好的建议，在此一并表示衷心感谢！

　　由于编者写作水平、专业知识所限，虽经再三斟酌，仍难免有疏漏之处，恳请读者批评指正！

编者

2021 年 1 月

目录

第一章　羊肚菌栽培　001

第二章　草菇栽培　063

第三章　鸡腿菇栽培　097

附录 263

参考文献 287

第一章

羊肚菌栽培

第一节　羊肚菌概述

羊肚菌（*Morchella esculenta*）又称羊肚菜、羊肚蘑、阳雀菌、蜂窝蘑等，因菌盖部分凹凸成蜂窝状，酷似翻开的羊肚（胃）而得名。它属于子囊菌亚门、盘菌纲、盘菌目、羊肚菌科、羊肚菌属，是世界上珍贵的稀有食用菌之一。对羊肚菌的研究也有很长的历史，据记载，法国是最早进行人工驯化栽培羊肚菌的国家，1980年美国人Ronald．ower首次实现实验室栽培成功。四川是我国最早尝试羊肚菌大田栽培的地区；朱斗锡先生获得首个中国羊肚菌专利；谭方河先生确定了营养袋的重要价值，营养袋栽培成为大田栽培羊肚菌成功的核心技术。羊肚菌栽培中，营养袋的添加，发菌过程中地膜的使用，催菇后小拱棚的搭建，都使羊肚菌稳产获得了保证。羊肚菌属低温、高湿性真菌，喜阴，生长所需的土壤环境和植被类型多样，一般在春夏之交出菇，在我国主要分布在河南，吉林、河北、辽宁、甘肃、青海、西藏、新疆、陕西、山西、江苏、四川、云南等地区。它香味独特，营养丰富，过去作为敬献皇帝的滋补贡品，如今已成为出口欧美的高级食品，常以高档食材出现在宴席上，被认为是身份和品位的象征。羊肚菌种植只有播种、扣营养袋、浇催菇水、采菇几个步骤，在民间流传"地里挖个洞，播上一点种，一二三四五，钞票就到手"，其含意是栽培羊肚菌成本低、方法简单、见效快。但不要以为它是"懒庄稼"，就粗心大意，一定要精心管理，否则会出菇少或不出菇，甚至血本无归。以冷棚为例，每亩（1亩 ≈667m²）成本约1万元（主要是土地、大棚遮阳网等基础设施、菌种和营养袋以及生产管理和采收人工等费用），亩产鲜菇300kg，亩产值约3万元（鲜菇按每千克100元计算），投入与产出比1：3，羊肚菌栽培是脱贫致富的一个新的项目（图1-1）。

图1-1　羊肚菌冷棚种植（罗金洲　提供）

一、形态特征

羊肚菌菌丝体白色，有分隔，多核，无锁状联合，异宗结合，常产生菌核。子实体较小或中等，6～14.5cm，菌盖不规则圆形或长圆形，长4～6cm，宽4～6cm。表面形成许多凹坑，似羊肚状，淡黄褐色。柄白色，长5～7cm，直径2～2.5cm，有浅纵沟，基部稍膨大（图1-2、图1-3）。

图1-2　外观（罗金洲　提供）

图1-3　内部

二、生长发育条件

羊肚菌的生长发育，需要合适的土壤和环境条件。生产中应根据羊肚菌不同生育阶段对环境条件的要求，合理协调各个影响因素，实现羊肚菌高产、稳产。

1．土壤

土壤是羊肚菌菌丝生长和子实体繁育的根基，土壤的好坏直接影响着羊肚菌的产量。羊肚菌在黏土、沙土及壤土中均能生长，通常选择土壤黏度低、透水性好、酸碱度为6.5～8.0的中性或弱碱性土质，它对土壤有机质含量要求不高，但对P、K等矿质养分和微量元素有一定的要求（图1-4、

图1-4　黏土中生长的羊肚菌（罗金洲　提供）

图1-5）。

2. 温度

羊肚菌属低温型菌类，菌丝在3～25℃下均能生长，一般要求地表温度在12～20℃，土壤层温度在8～18℃，最适宜温度15～18℃，低于0℃或高于28℃菌丝生长停止甚至死亡。孢子散发适宜温度15～18℃，萌发适宜温度18～22℃。子实体在5～18℃内均能生长，最适宜温度12～16℃。若昼夜温差大，可促进子实体的形成，

图1-5　沙土中生长的羊肚菌（罗金洲　提供）

但低于或高于5～18℃的温度范围不利于子实体的正常发育。温度过高，子实体肉薄、柄长、帽短小、色黄、商品价值低；温度过低，子实体生长缓慢、肉厚、色黑。控制和掌握适宜的温度是提高羊肚菌产量质量的关键（图1-6）。

图1-6　羊肚菌子实体生长受温度的影响（罗金洲　提供）

3. 湿度

菌丝生长阶段要求培养室的空气相对湿度为40%～50%，空气相对湿度大了，杂菌容易繁殖。子实体形成阶段，空气相对湿度应为85%～95%。子实体形成阶段湿度要适宜，过低易造成子实体干缩，过高则因蒸腾作用受阻影响营养物质向子实体的传递速度。

羊肚菌适宜在土质湿润的环境中生长，土壤含水量以22%～25%为宜（如

土壤含水量23%，是指500g干燥土壤中，含水分115g），子实体生长适宜空气相对湿度85%～95%，从播种到收获一直保持土壤表面的湿润子实体才能正常生长。

4. 光照

羊肚菌营养生长阶段不需要光线，菌丝在暗处或微光条件下生长很快，人工种植选择遮光率85%～90%的遮阳网覆盖。孢子粉的产生时间与数量和光照强度有很大关系，一般情况下，光线越暗，孢子粉产生的时间越早、厚度越厚。光线对子实体的形成有一定的促进作用，特别是对子实体发育阶段起着重要作用。羊肚菌子实体有向光性，往往是朝光线方向弯曲生长（图1-7、图1-8）。若覆盖物过厚，或全天太阳直射都不适宜子实体生长。

 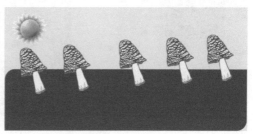

图1-7　向光性实例图（罗金洲　提供）　　　图1-8　向光性示意图

5. 空气

羊肚菌菌丝生长阶段对空气无明显反应；而子实体的生长发育阶段对空气较敏感，在通风不良处很少发生。若空气中二氧化碳浓度超过0.3%时，子实体会出现生长无力、体形瘦小畸形，或无菌帽乃至腐烂。在暗处及过厚的落叶层中，羊肚菌很少出菇，或出菇质量也较差，足够的氧气对羊肚菌的正常生长发育是必不可少的。特别要注意北方寒冷干燥地区用塑料薄膜覆盖的大棚栽培，一定要保证空气流通，防止闷气或闭气影响正常出菇。

6. 酸碱度

栽培羊肚菌培养基和土壤的pH值应掌握在6.5～8.5范围内，若pH下降到5.0以下或高于9.0都不利于羊肚菌的菌丝生长和子实体生长。

三、生活史

羊肚菌子实体成熟后，弹射出以亿计算的微小孢子，随风飘落，在温湿度适宜的环境条件下，萌发成初生单核菌丝，通过核配形成次生双核菌丝。双核菌丝在土壤中，发育形成许多菌核，在温度湿度适宜时，形成原基和子实体。这就是羊肚菌的生长发育过程。羊肚菌的生活史如下：子实体弹射出孢子—初生菌丝（单核菌丝）—次生菌丝（双核菌丝）—菌核—子实体。人工种植时，必须按照它的生长过程，满足各阶段生理特性的要求，才能取得成功。菌核（贮备营养，抵抗不良环境）是一种无性的细胞团，像金黄色的矿渣或小核桃，这是一种贮藏营养的器官和休眠体，可以使羊肚菌适应恶劣的环境条件。菌核干枯后可重新吸水，细胞受潮膨胀时，菌核即恢复生活，长出子实体或萌发出新的菌丝。羊肚菌生活史见图1-9。

种菇　　　　　　　　　　栽培种　　　　　　　　　　播种

出菇　　　　　　　　　　放营养袋　　　　　　　　　发菌

图1-9　羊肚菌生活史

第二节　羊肚菌菌种生产、营养袋制作与出菇试验

一、菌种生产

羊肚菌菌种最大的缺点就是容易退化、变异，给羊肚菌栽培带来很大困难。为了解决这些问题，每年羊肚菌菌种都需要分离、提纯和做出菇试验，并且需要妥善保管、运输，控制菌种传代。菌种生产流程如下：羊肚菌选择和采集→组织（孢子）分离→提纯培养→出菇试验→优良一级菌种→复壮培养、菌种扩繁→二级菌种→接种、培养栽培菌种。

1. 菌种分离

羊肚菌的分离方法与其他食用菌大体相同，采用组织分离和孢子分离。

（1）组织分离　选取成熟、具优良长势的羊肚菌子实体，在无菌环境中用接种针将组织块接入平皿培养基上，获得菌种。

① 培养基制作。配方为马铃薯200g、葡萄糖20g、琼脂18～20g、磷酸二氢钾3g、硫酸镁1.5g、水1000ml。将培养基装到500ml三角瓶中（每瓶装入200ml），115℃灭菌30min后在无菌条件下将培养基倒入平皿中（每个平皿约20ml），冷却备用。

② 选取头潮、新鲜、健壮、周围幼菇或原基多、朵形圆整、七八分熟的子实体（图1-10）。

③ 菇面用75%酒精棉球擦拭消毒。

④ 切取组织块（菌肉）。用手术刀切开种菇（图1-11），在菌盖或菌柄内侧用无菌手术刀或尖嘴镊子取5mm见方组织块（菌肉）接于培养基上（图1-12）。

⑤ 培养。温箱18℃恒温培养，2天后组织块萌发（图1-13），待菌落长到2cm（图1-14），用接种针选取最优菌落的先端菌丝接入新培养基，进行尖端脱毒。将菌丝生长快、产菌核适中、产色素少且晚的分离物挑选出来，作为第一代母种保存备用。

图1-10　选子实体

图1-11　切种菇

图1-12　组织块接于培养基上

图1-13　组织块萌发

图1-14　菌落长到2cm

　　除菌丝尖端脱毒法外还可采用断桥脱毒法。在无菌条件下，用接种针把平皿培养基中间培养基断开1cm，把菌种接在断开培养基一侧（图1-15、图1-16），菌丝穿越断开处，伸入前端的培养基上，可以纯化菌种。

　　（2）孢子分离　在无菌条件下，使孢子在适宜的培养基上萌发成菌丝体而获得纯培养的方法。多孢分离的菌株不能直接用于生产，要经过出菇试验。采集孢子有多种方法，如整朵插种菇、三角瓶钩悬和试管琼脂培养基黏附法等，此处介绍整朵插种菇法。

　　① 选取头潮、新鲜、健壮、八九分成熟的子实体。

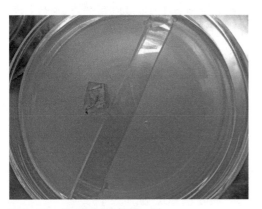

图1-15 接在断开培养基一侧

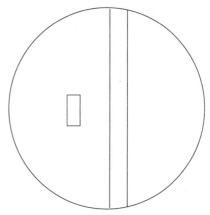

图1-16 接在断开培养基一侧示意图

② 采集孢子。将按照组织分离方法消毒子实体的整朵菇插入无菌孢子收集器里，在18℃下培养2～3天后子囊孢子落下，形成孢子印（图1-17）。

③ 孢子分离、培养。无菌条件下，将少量孢子移入盛无菌水的三角瓶内稀释成孢子悬浮液，其浓度以1滴水中含5～10个孢子为宜。用接种环取孢子悬浮液在斜面上划线，孢子萌发后菌丝体长在一起。取菌丝块转接新的平皿培养基上，18℃避光培养（图1-18）。选取菌丝生长快，菌核数量适中，产生色素少且晚的培养物用于栽培试验。

图1-17 采集孢子

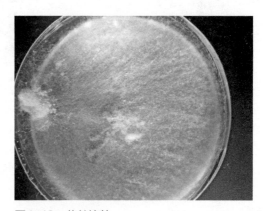

图1-18 菌丝培养

2. 母种扩大繁殖及保藏

（1）**母种扩大繁殖** 选取无污染菌丝优良的试管菌种，用接种针划取带培养

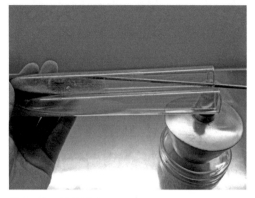

图1-19　母种扩大

基的小块菌种接到斜面培养基中（图1-19），一般1支母种第一次扩接15～20支。将转接的菌种放在18℃培养箱中避光培养7天，待菌丝长满试管斜面后备用。母种转代尽量不要超过3代。

（2）**优质母种质量标准**　菌丝长势均匀，开始是白色，后来慢慢变成黄色，无杂菌污染，表明菌丝生长良好（图1-20、图1-21）。

（3）**母种的保藏**　放入冰箱3～5℃保鲜层保存，但时间最长不超过3个月。

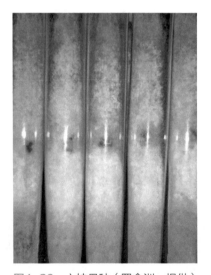

图1-20　六妹母种（罗金洲　提供）

图1-21　梯棱母种（罗金洲　提供）

3. 原种和栽培种制作

（1）常用配方

① 木屑30%，稻壳30%，小麦20%，腐殖土20%。

② 木屑65%，小麦20%，白糖1%，石膏1%，过磷酸钙1%，腐殖土12%。

③ 玉米芯40%，木屑30%，小麦15%，石膏1%，过磷酸钙1%，腐殖土13%。

④ 木屑40%，棉籽壳30%，小麦15%，石膏1%，过磷酸钙1%，腐殖土13%。

以上每个配方最后都需要加入原料用量1%的石灰。

（2）**制作方法**　小麦浸泡或煮涨，木屑发酵3个月以上，再加入煮涨的小麦、湿土及其他材料，将配方混合均匀后，加入清水，使含水量达55%～65%时即可装料。原种一般采用500～750ml的玻璃瓶，装瓶要求上下松紧一致，用薄膜封口就行。栽培种一般用（15～18）cm×33cm的聚丙烯折角袋装料，无棉盖封口。高压灭菌在1.5MPa下维持4h，常压灭菌在100℃以上保持10～12h，注意灭菌时间不能过长，压力不能过高，否则会破坏其中的养分。高压灭菌见图1-22。

图1-22　高压灭菌

（3）**培养**　在无菌条件下，每支母种可接原种3～5瓶，每瓶原种可接40～60袋栽培种，接种后放在18～22℃条件下暗光培养。3天菌丝开始萌发吃料，10天菌丝可布满培养基表面，15～20天可长满。在培养期间要尽量避免强光刺激，菌龄不超过30天为好。

合格的羊肚菌菌种应该菌丝生长均匀、迅速，无污染；在瓶肩部或料与瓶的缝隙处产生菌核，菌核初期白色，后期为金黄色至浅褐色的颗粒状（图1-23～图1-26）。菌丝太弱、菌丝老化、含杂菌者不能用。

图1-23　六妹原种
（罗金洲　提供）

图1-24　梯棱原种
（罗金洲　提供）

图1-25　六妹栽培种
（罗金洲　提供）

二、营养袋制作

（1）**营养袋规格** 营养袋有2种规格，一般用12cm×24cm或14cm×28cm的折角袋装料。

（2）**营养袋配方** 营养袋的配方很多，以下配方供参考。

① 稻壳40%，小麦60%。另加占总料1%的石灰。

② 玉米芯30%，稻壳20%，小麦50%。另加占总料1%的石灰。

③ 木屑30%，玉米芯20%，小麦40%，麸皮9%，过磷酸钙1%。另加占总料1%的石灰。

（3）**制作方法** 原材料的预处理方法和做菌种时一样，将配方混合均匀后，使含水量达55%～65%时即可装料。将装好料的营养袋用专用扎口机或者塑料绳扎口，然后装入编织袋或筐内，放入灭菌柜内灭菌。高压灭菌在1.5MPa下维持6h，常压灭菌在100℃以上保持18～20h，灭完菌冷却后使用（图1-27、图1-28）。

图1-26 梯棱栽培种
（罗金洲 提供）

图1-27 营养袋

图1-28 营养袋准备入棚

三、出菇试验

羊肚菌是子囊菌，多次扩大繁育的菌种较易发生变异，不经出菇试验，直接用于大量生产，就有可能导致子实体生产率降低，甚至绝收。下面简单介绍一下室内出菇试验。

① 播种（图1-29、图1-30）。

图1-29 播种

图1-30 遮阳网

② 菌丝生长、形成菌霜（图1-31、图1-32）。

图1-31 菌丝爬土

图1-32 长满土面

③ 放营养包。放12cm×24cm菌袋制作的营养包，营养包倒放土上，压实使袋内营养料紧贴菌丝（图1-33）。

④ 出菇（图1-34～图1-36）。

图1-33　发菌整体情况

图1-34　盆栽菇蕾

图1-35　盆栽成菇

图1-36　品种大田栽培试验

（罗金洲　编写）

第三节　羊肚菌栽培场所、季节及品种

一、栽培场所

应选择交通方便，地势平坦、背风，水电供应便利，接近水源，易排水，无旱涝威胁的地方。周围环境清洁卫生，附近无养殖场、化工厂，土壤无农药残留、中性。栽培场所主要有日光温室、平棚、冷棚三种，人工林也可种植。有投资能力生产者，可建设标准化生产车间，实现一年四季规模化栽培羊肚菌。三种主要栽培模式的比较见表1-1。

表1-1　三种主要栽培模式的比较

栽培模式	优点	缺点
日光温室栽培	能人为控制栽培环境，减少自然等不利因素对出菇的影响	固定设施投入成本高，棚租成本高，棚室面积有限。栽培场所固定，连作易造成病虫害的积累，影响翌年栽培
平棚栽培	设施投入成本低，栽培场地灵活，换地容易，不重茬	搭棚费事，风大需加固，难以抵御雨雪等恶劣气候，不易控制小气候环境
冷棚栽培	需要一定的设施投入，栽培场地灵活	难以抵御雨雪等恶劣气候，栽培环境比平棚易控制

1. 日光温室

日光温室多采用"三面墙一面坡"的设施类型，由棚室、棚架、保温被、电动卷帘、供水系统组成。日光温室要求东西走向，坐北朝南，一般长60～80m，宽7～9m，北墙高3.0～3.5m，后坡长1.5m，仰角为30°，墙厚0.6m。前坡采用钢结构拱架，拱架间距10m。北墙距离地面1尺设置1尺见方的通风孔，孔距4m。温室东侧建有缓冲房，以便进出温室。框架建好后，在栽培前一个月覆盖标准厚度无滴膜，棚内置6针遮阳网，安装保温被和卷帘机，棚前地面以上20cm，需装有防虫网和卷膜器。日光温室内温度易调控，冬季可保持温度5～30℃，春季可提早出菇，冬季可持续出菇，适于规范化、集约化大面积栽培，若管理到位，可实现亩产千斤鲜菇。日光温室通风差，对密度较大的二氧化碳不易排除，在管理中应注意通风管理（图1-37、图1-38）。

图1-37　日光温室外部

图1-38　日光温室内部

2. 平棚

平棚的使用以云贵川地区为主，优点是成本低，空气流动性好，便于田间操作；缺点是只适应面积大，而且平坦的地块，遮光效果不够。平棚建造时把竹竿切成2.2 ~ 2.5m长，用电钻取一头对穿打孔（十字孔），用于横竖拉线。搭棚时把竹竿未打孔一端埋入土中25 ~ 35cm夯实，插好竹竿要求整齐，尽量横纵都在一条直线上。竹竿间距可采用4m×4m或3m×3m，方便后期操作，有风雪的地方可适当加密。用绳子在竹竿顶部十字孔处分横竖两个方向串联，并于线的两头用木桩固定。盖上4 ~ 6针遮阳网，并将遮阳网固定于架子上，四周压实。单棚面积不宜超过3亩，搭棚时间在播种前一周完成（图1-39）。

(a)　　　　　　　　(b)　　　　　　　　(c)

(d)　　　　　　　　(e)

图1-39　搭棚（罗金洲　提供）

3. 冷棚

一般建议棚高2.5m，宽6 ~ 8m，拱形，最好是钢结构，在大棚上面扣上塑料膜和遮阳网，遮阳网选择6 ~ 8针规格，遮光率应达到85%以上，塑料膜厚度要求1mm。如在北方栽培建议提前置办毛毡或棉被，预防北方地区出菇期极低寒潮对幼菇形成破坏。通风口离大棚地面80cm以上，通风口防虫网宽度30 ~ 40cm，棚顶部也可同时设置通风口，使棚内形成循环风，降低棚内空间温度，提供羊肚菌所需的氧气。冷棚造价低、管理简便、保湿效果好，是新入行的羊肚菌种植者理想的种植场地。实践证明，羊肚菌冷棚种植是成功的种植模式，管理好可产鲜菇300 ~ 400kg（图1-40）。

图1-40　冷棚（周晴晴　提供）

4．葡萄棚、人工林种植

葡萄棚和人工林种植示例分别见图1-41、图1-42。

图1-41　葡萄棚

图1-42　人工林种植

二、栽培场所中常见栽培设施

1．补水设备

羊肚菌是喜湿性菌类，主要有微喷、滴灌与喷水带三种补水设备，种植者应根据自己的棚舍条件进行选择（图1-43～图1-46）。

图1-43　吊挂式微喷

图1-44　地面插杆微喷

图1-45　滴灌

图1-46　喷水带

三种补水设备的特点见表1-2。

表1-2　三种补水设备的特点

项目	微喷	滴灌	喷水带
适合范围	广泛使用，特别在北方冷棚、暖棚空气湿度不好保持的地区使用时，效果好	广泛使用，特别是北方暖棚、冷棚广泛采用	广泛使用，南方、北方种植者普遍使用
种类	吊挂式和地面插杆式两种，由供水主管、支管，和吊挂喷头组成。以吊挂式微喷补湿范围大，使用最多		规格有三孔（一寸管）、五孔（二寸管）、七孔（三寸管）。一般使用七孔，直径50mm的喷水带
安装方法	安装在棚顶2m高处，行距2～3m，株距1.5～2m	滴灌管铺设在羊肚菌畦面，铺设2～4道，与主水管连通	喷水带铺设于地面两畦间，两畦间铺1道，与主水管连通

续表

项目	微喷	滴灌	喷水带
使用方法	催菇时，连续间歇式开启微喷三天，即可达到催菇的土壤湿度。出菇阶段，当幼菇长到3～5cm后，每天在通风状态下，补湿1～2min，每天2次，即可达到羊肚菌出菇的最佳湿度85%～90%	催菇时，开启滴灌8～10h，两滴点渗水圈相连（指地面两个水圈位置），即可停水。当羊肚菌生长后期缺水时，可随时补水	催菇时，使用直径50mm的喷带，可喷水宽度7m。连续喷水8h，即可达到催菇土壤适宜湿度。羊肚菌幼菇长到3～5cm后，可短时喷水，以增加土壤和空气湿度，使羊肚菌健康生长
优点	既可畦床催菇补水，也可出菇后期对空气及土壤增湿	可移动补水，补水可控、省水、省时、省力，一键操作，可定向出菇，防虫施肥一体化。特别是免揭膜补水催菇，效果极好	投资低，水量大，适合于南方北方和种植地块不平的地区
缺点	喷水量小，催菇需较长时间喷水，才能满足对土壤湿度的要求	出菇后期空气湿度不好保持，与微喷配合使用	喷水不均匀，出菇时补水，容易将泥溅到菇脚上，影响品质

2. 地膜的作用、规格与使用

（1）**作用**　羊肚菌播种之后在畦面覆盖地膜，起到控温、保湿、防涝、抑制杂草（黑色地膜）、促进出菇等作用，该技术可以有效降低劳动力投入，减少不利环境变化对生产的影响，增产效果显著。主要优势有以下几点。

① 保湿。可阻止发菌畦面水分蒸发，同时还有很好的保水保湿作用。

② 提高土温，抑制土温剧烈变化。白色地膜是透光的，黑色地膜不透光，因此土壤增温也比黑色地膜快。

③ 控霜（黑色地膜）。畦面菌霜越多，消耗的营养越多，越不利于高产。覆盖黑膜，有较好的控霜作用。

④ 除草（黑色地膜）。因为阳光照射不进来，所以还能很好地抑制杂草的生长，减少杂草对羊肚菌生长空间的挤占。白色地膜是透光的，很容易滋生杂草。

⑤ 增产。可增加地温，促进羊肚菌菌丝提早成熟，提前出菇，有较显著的增产作用。

（2）**规格**　羊肚菌覆膜主要以普通农用地膜为主，有白色、黑色或半透明薄膜，厚度通常在0.004～0.008mm，宽与畦面宽度一致或比畦面略宽。发菌出菇一膜多用时，可选择比畦面宽30cm，为覆盖出菇小拱棚做预留准备，如1.2m宽的畦面，选1.5m宽的膜。

（3）**使用**　覆盖时间根据棚的具体保湿情况灵活运用，可播种后就盖，或扣营养袋后再盖。白膜透光，不能控制田间杂草，若是田间杂草较多的，建议使用黑膜。不管用白膜还是黑膜，都要在膜上打透气孔，大小1～2cm，间距30 ～ 40cm。具体方法是用电钻将整卷膜，从侧面中间部位，打6个直径1.5cm的孔，覆盖时，即有许多透光透气孔，利于发菌和出菇（图1-47）。

3．出菇时搭建小拱棚

在容易产生霜冻、风大、保湿性差的地方，出菇时可搭建小拱棚。在1.0 ～ 1.2m宽的畦面上，插入竹片、钢筋（直径6 ～ 8mm）或玻璃纤维搭建50 ～ 60cm高的弓形骨架，盖上有孔地膜，膜用夹子固定在竹竿上，膜两边用砖头间距2m压好。小拱棚能提高膜内地温2 ～ 3℃，同时可规避出菇季节的连阴雨天气对幼菇造成的伤害（图1-48）。

图1-47　覆盖地膜

图1-48　棚内搭建小拱棚

三、栽培季节

我国地理复杂，各地所处海拔、纬度不同，南北地区气候差异甚大。按照羊肚菌的生理特性，种植季节一般在秋冬季节进行。羊肚菌整个生活周期70 ～ 120天，平均温度越高，生活周期越短，例如四川地区最快可以播种35天左右现菇蕾，60天左右采菇。按照羊肚菌的生理特性，选择地温稳定在15 ～ 18℃播种，播种过早，菌丝老化快，感杂率高；播种过晚，菌丝活力不够，营养吸收慢，都会影响最终的产量。西南地区在11月初至12月初播种，2月中旬至3月中下旬采菇。高海拔地区和北方地区播种时间适当提前。设施栽培有一定的控温能力，则依据实际情况选择最佳播种时间。

四、品种选择

羊肚菌人工栽培品种应选用优质、高产、抗逆性强、适应性广、商品性状好的品种。栽培者在购买羊肚菌菌种时，必须到正规科研机构和法定菌种厂购种，查明所购买的菌种型号，了解菌种特性及适用范围，签订合同，购种时索取购种发票，注意菌种包装袋运输过程的安全性。

目前曾被驯化报道的羊肚菌品种有尖顶羊肚菌（*M.conica*）、黑脉羊肚菌（*M.angusticeps*）、梯棱羊肚菌（*M.importuna*）、六妹羊肚菌（*M.sextelata*）、七妹羊肚菌（*M.septimelata*）、粗柄羊肚菌（*M.crassipes*）、羊肚菌（*M.esculenta*）、小羊肚（*M.deliciosa*）、变红羊肚菌（*M.rufobrunnea*）。种植面积最多的是六妹羊肚菌（图1-49）、七妹羊肚菌、梯棱羊肚菌（图1-50），下面是六妹羊肚菌、梯棱羊肚菌适用菌株性状（表1-3），供大家参考。相对于梯棱羊肚菌而言，六妹羊肚菌比较适合北方相对不利的气候条件。

图1-49　六妹

图1-50　梯棱

表1-3　六妹、梯棱羊肚菌性状对比表

项目	品种	
	六妹	梯棱
菌盖颜色	红褐色	褐色
菌盖与菌柄交接处凹陷	不明显	明显
菌柄颜色	白色	白色至黄白色
子实体生长分布方式	单生和丛生	单生和丛生
品种优点	产量高，商品性状优良（菌盖形态尖顶、菌柄较短），耐高温能力较强	产量高，商品性优良，菌盖质地韧性较强，耐贮运，颜色较深
品种缺点	耐贮性差，子实体易碎，出菇周期短	耐高温和耐低温能力较弱，出菇整齐性一般

第四节　栽培管理技术

一、温室栽培管理技术

以辽宁为例，根据气候条件，可以采取的温室栽培技术有以下几种方式，秋播冬收（10月播种，12月出菇，1月一潮菇出菇结束，2月二潮菇结束）、春播夏出（3月初播种，5月1日前能出菇，出菇在一个月左右全部结束）、秋播冬出（11月播种，12月越冬，第二年2月出菇，5月结束）。采用覆盖地膜发菌，微喷、滴灌补湿，小拱棚出菇是北方温室栽培羊肚菌的特点。

1．棚室准备、土地平整、修建畦床

（1）**清除棚内杂物**　在上茬作物收获后，及时清除病残体，铲除田间杂草，带出田外集中深埋或烧毁。

（2）**深翻土地、大水漫灌**　深翻土壤30cm后随即大水漫灌，水面要高出地面3～5cm，待水渗入土壤后，再用地膜覆盖并压实。

（3）**高温闷棚**　翻地大水漫灌后要关好棚室风口，盖好棚膜，使晴天中午棚内温度达到60～70℃，闷棚20～30天，以达到杀死病菌、虫卵。

（4）**翻耕土壤**　闷棚结束后，要及时翻耕土壤，翻耕后一般要晾晒10～15天。棚内铺设6针遮阳网。

（5）**土地调水、消毒、平整**　播种前一周每亩均匀撒施石灰75～100kg，调节土壤pH值为7～8（中性或微碱性有利于羊肚菌生长），上大水浇透，施用适量高效低毒杀虫剂，待土地不黏后深耕25～30cm，然后平整（图1-51）。

图1-51　平整土壤

畦床土壤含水量要求：以畦床土层15～20cm保持湿润状态，土壤湿度至20%～25%（即手捏成团，丢地即散）。若是新土，在整厢前每亩放入复合肥10～20kg，最好放入一些腐殖土或者腐殖叶。

（6）**修建畦床**　在平整的地表拉线或撒白石灰线，修建畦床。畦床可东西

走向，也可南北走向，畦宽1.0m，沟深5～10cm，沟宽0.25～0.30m（畦床窄，透氧性好，利于长菇、采菇）。对于地下水位较低，排水较好的土壤可不设置畦床，实行平畦播种栽培。如果土壤结构松散，则优选条播，机械起小沟；或制作起沟工具，人工起小沟（图1-52）。

图1-52　修建畦床

2. 播种的方法和注意事项

（1）**播种时间和菌种用量**　土壤温度至少连续5天在20℃以下，即可播菌种，每亩用菌种150～175kg。

（2）**菌种预处理**　播种前用刀割破菌袋，剥去外袋，然后用手揉碎至0.5～1.0cm粒径的颗粒（图1-53），放在干净盆内。如若菌种偏干，含水量在55%以下，可加清水或0.5%的磷酸二氢钾水溶液预湿菌种至含水量65%～70%。在规模生产中，为了提高劳动效率，可用机器粉碎菌种（图1-54）。

图1-53　手掰碎的菌种

图1-54　机器粉碎菌种

开袋后的菌种要尽快播种覆土，不要一次开得太多，以免造成污染和脱水。

（3）**播种方法** 播种前2天观察土壤是否过于干燥，过干可适当浇水然后播种，播种时棚温控制在18℃以内。播种方法主要有撒播、条播2种方法，温室保温、保湿效果好，播种后畦面一般不盖地膜。

① 撒播（图1-55）。按照每亩150～175kg的用种量，将菌种均匀撒在畦面上，然后覆土。覆土要求透气好、无大石块、保持潮湿（含水量20%～25%）。播种后要及时覆土，菌种不能在阳光下暴晒。覆土可用人工或开沟机覆土（图1-56），在原有开沟位置开沟，将沟内的土壤翻至畦面上，覆土厚度2～3cm。覆土后铺设滴灌带和微喷带，方便管理和操作。撒播见视频1-1，覆土增湿见视频1-2（李玉丰提供）。

视频1-1　视频1-2

图1-55　撒播

图1-56　开沟机覆土

② 条播。条播是近年来应用较多的方式，出菇边际效应明显，具有爆发性出菇的特点。条播前在畦床每个池子纵向开5条沟，沟宽20cm、深5cm（图1-57）。条播时，将揉碎的菌种按照每亩地150～175kg的用种量均匀地撒在开好的小沟内（图1-58），然后用铁钉耙把土耙平，覆土厚度2～3cm。由于条播方式菌种易集中，能形成菌群优势，利于菌丝生长，增强菌群的抗逆性，杂菌侵染较轻。条播见视频1-3（周晴晴提供）。

视频1-3

条播的要点是务必将播入土里的菌种用土封好，不能让菌种露出土面，否则菌种暴露在空气中，虽然萌发快，但易感染绿霉等杂菌，土层表面变为绿色，造成较大的损失。

图1-57 畦床的沟

图1-58 条播

3．发菌管理技术要点

（1）**播后至扣营养袋前的管理** 从播种到扣营养袋前需7～15天。发菌期前3天左右不见光，早晚通风各一次，每次30min，增加氧气。根据气候条件调节温室的棉被和通风口，土壤温度维持在15℃以下（图1-59）。播种后3～5天喷一次水，以菌种能遇到水（一指深）即可，用微喷、滴灌皆可（图1-60）。平时维持地表潮湿，不能喷大水，避免覆土层板结，菌丝缺氧不生长。播种后1～2天菌种萌发成纤细的菌丝，3天土壤表面可见稀疏菌丝（图1-61），5～7天土面菌丝量增大（图1-62），7～10天畦面形成一层白色的菌霜（也叫分生孢子）。若发现跳虫，应喷氯氰菊酯及时防治。

图1-59 测气温、地温

图1-60 微喷保湿

（2）**摆放营养袋** 由于羊肚菌菌丝自身贮备的能量不足以支撑其有性生殖，因此需要从外界吸收营养物质。营养袋的主要作用是为土壤中的羊肚菌菌丝提供充足的营养，增加菌丝数量，以利于形成更多的菌核，是羊肚菌丰产最重要的"能量"支撑（图1-63、图1-64）。其出现和广泛使用，为羊肚菌的高产奠定

图1-61　菌丝爬土　　　　　　　　　　　图1-62　土面菌丝量增大

图1-63　营养袋"能量"支撑实例图

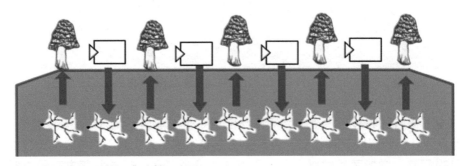

图1-64　营养袋"能量"支撑示意图

了基础，有效地促进羊肚菌产业进入规模化健康发展，是羊肚菌生产环节中最重要的技术之一。摆放营养袋见视频1-4。

视频1-4

① 摆袋时间。播种后7～15天，菌丝长到床面遇氧见光后显现"菌霜"（白色分生孢子）时（图1-65），摆放营养袋。羊肚菌菌丝的生命力很强，甚至在棚内砖头上形成菌霜（图1-66）。菌霜是羊肚菌独特的生理表现，光线适中、通风良好、适度潮湿的土壤产生的菌霜更多。一般六妹羊肚菌系列菌株的菌霜量多于梯棱羊肚菌。但菌霜多，并不表明产量就高。

图1-65 菌霜

图1-66 砖头上菌霜

② 破口方法。常规的破口方法主要有刀具划线法、打眼法和撕口法。

a. 刀具划线法。将灭菌好的营养袋用刀片纵向划2条间距1cm、长5～7cm的小口（图1-67、图1-68）。

图1-67 刀具划线法实例

图1-68 刀具划线法示意图

b. 打眼法。个别种植户用钉子在营养袋上扎20～30个小孔，大部分种植户用打孔拍、钉板打孔。

方法一：用打孔拍打孔（图1-69），每菌袋打8个孔（图1-70）。

图1-69　打孔拍打孔（李玉丰　提供）

图1-70　打孔后菌袋（李玉丰　提供）

方法二：用钉板打孔，钉板铁钉间距2cm×2cm，铁钉孔径3mm，打孔深度以刺破塑料袋为宜（图1-71～图1-74）。

图1-71　营养袋

图1-72　钉板

图1-73　钉板打孔

图1-74　打孔后营养袋

c. 撕口法。在沿营养袋的横轴方向轻轻插入刀尖，形成小的破口，用拇指与刀片夹住破口处的袋膜纵向横撕，形成长10～15cm、宽约1cm的条状口，将开口面接触地面并用力压，使之与地面紧密接触即可（图1-75）。

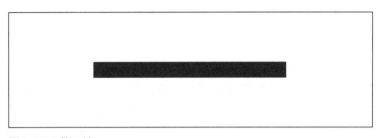

图1-75　撕口法

③ 摆放方法。将破口（有孔的一面）朝下摆放在畦床土面上，放置时要压平，尽量与地面接触（图1-76）。每亩摆放1800～2000袋，成"品"字形（图1-77），袋与袋之间距离30～35cm，袋离床边距离15cm，条播的循沟摆放。床面干燥时，在摆放营养袋前喷水，喷水1天后摆袋，摆放后3天内不能喷水。"品"字摆放示意图见图1-78。

图1-76　营养袋压在料面上

图1-77　"品"字摆放

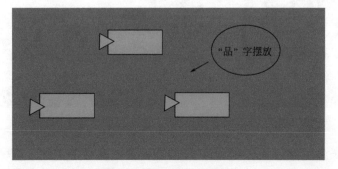

图1-78　"品"字摆放示意图（孟凡生 提供）

④ 选择性使用地膜。温室保温、保湿效果好，放营养袋后畦面一般不盖地膜。如棚内湿度不易控制（如沙性土壤）、光照过强或需额外保温时，可盖打孔地膜（孔大小1~2cm，孔间距30~40cm）。为保湿、通气，可在地膜两边隔1m压土块一个（图1-79）。

⑤ 营养袋扣放后的管理。摆袋后，菌丝从营养袋的空隙进入，将袋内营养物质吸收转化，通过菌丝传递到土壤中，贮存在土壤的菌丝和菌核中，成为后期菇体长大的主要营养来源。

此时要经常观察室温和地温（图1-80、图1-81），地表温度不宜超过15℃，保持土壤含水量达20%~22%，空气相对湿度40%~50%。采用覆膜管理的，太阳光照射在地膜上后造成地膜下的温度会急增，要注意覆膜之后菌床上的通风问题，做到及时通风。

条件适宜的情况下，约20天菌丝可吃透营养袋（图1-82）。

图1-79　盖膜

图1-80　测室温（15℃）

图1-81　测地温（10℃）

图1-82　菌丝钻进袋内

营养袋长满菌丝后7~15天，袋内营养通过菌丝输送到土壤里。一般营养袋扣放后35~45天时，当营养袋看起来很扁（图1-83），小麦培养基基本上剩下壳，说明营养大部分被输送到土壤中。营养转化完的时候，菌霜慢慢减少、泛黄消退。此时如温度适宜可催菇管理；如越冬茬栽培，可越冬休眠，等待春季出菇。

越冬茬越冬时可在冻土期来临前3～5天，适度补水，确保整个冻土期土壤不至于失水过多对菌丝造成伤害。为了防止菌丝失水、冻伤，影响出菇，可以在畦面覆盖黑膜，或搭建小拱棚保温、保湿。越冬期间如无必

图1-83　袋变扁

要，避免补水，浇水后温度低、土壤透气性差，容易对菌丝产生伤害，影响菌丝活力。

4．出菇期管理

从催蕾到采收25～30天，经历原基期、针尖期、桑葚期、幼菇期、成菇期，该阶段的管理决定着种植者是赚钱还是血本无归。羊肚菌不是"懒庄稼"，要想真正种好菇就要懂得它的"语言"，能够和菇对话，看菇管理，做好温水光气的综合调控。

（1）催菇　催菇是菌丝变为菇体的分水岭，通过较大的湿差刺激、温差刺激、充足的氧气和光照刺激的综合作用来实现。

① 催菇时间。当绝大部分白色孢子粉变黄或消退时，地温达到6～10℃，未来15天地表温度6℃以上催菇。时间以当地的气候条件为准，不是以日期为准。

② 催菇措施。

a．撤袋（图1-84）。催菇前撤掉营养袋，是催菇的一种方式，让羊肚菌从营养生长转到生殖生长。南北方根据具体情况，可以灵活掌握。

南方温度不好控制，到后期菌霜开始退的时候，营养基本上吸收得差不多了，可以撤袋。如果撤袋时间拖长，会引起虫害。

北方如出菇期温度低（一般不会发生虫害），营养袋的营养没有完全被利用，可不撤袋，或者根据具体情况

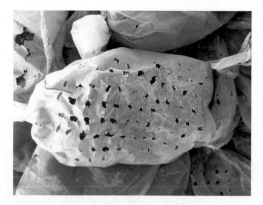

图1-84　撤去的营养袋

图1-85 卷起草帘子

第一批菇采收完后立即撤袋，这也是北方跟南方种植羊肚菌的区别。

b. 撤膜增氧、光线刺激。一般喷催菇水前3～5天揭去畦面地膜，卷起棚草帘子（图1-85），打开通风口，让畦床氧气充足、充分见光，刺激出菇。

c. 浇水催菇。通过滴灌、沟灌或喷灌等方式，将畦床深20cm土层浇透催菇（图1-86、图1-87），土壤含水量25%～30%，空气湿度80%～90%。此次水一定要浇足，把畦面，包括畦沟全部灌透，一般用时5～6h。

图1-86 浇催菇水（没撤掉营养袋）

图1-87 浇催菇水（去营养袋）

浇水不足，不易产生原基，或虽产生原基，后期菇生长缓慢成为"小老头菇"。水量过大，土壤积水，容易出现"水菇"。

黏性土壤通过滴灌或喷灌方式一次补水，沙性土壤可分两次进行，两次间隔12～24h。

土壤含水量测定：可以"抓把土"测试一下，用手轻轻一攥成团，离地1m左右，落地不散，土壤含水量大于25%；落地就散，等于25%；轻轻一攥不成团，则小于25%。

浇水深度测定：可以用棍子轻轻扎到地里面，拿出来，棍子20cm以上都湿润了即可。

d. 撒药防虫。搭建小拱棚前，将四聚乙烯颗粒撒在畦面上防蛞蝓、蜗牛，每亩用量0.5～1kg。

e. 搭建小拱棚。在容易产生霜冻、风大、保湿性差的地方，浇催菇水后，土不粘鞋时，为了保证催菇效果，可搭建小拱棚。

将地膜放到走道上准备好，畦面两边插入竹片、钢筋（直径6～8mm）或玻璃纤维搭建50～60cm高的弓形骨架，盖上有孔地膜，膜用夹子固定在竹竿上（图1-88），膜两边用砖头间距2m压好。

小拱棚温度湿度相对稳定，成为专供羊肚菌避风挡雨、健康生长的"小洋房"（图1-89）。

图1-88 夹子固定膜

图1-89 小拱棚

有的种植户不搭建小拱棚，而是用一次性筷子，在膜上扎一个孔，绕一下，插在土里，顶起地膜，省工、省钱，等菇长到两扁指时撤掉地膜即可。

f. 温差刺激。喷催菇水后，在4～16℃内，进行3～5天的温差刺激，可有效地诱导原基发生。此阶段地温最好保持在8～12℃，利于原基分化。具体方法是白天将暖棚棉被（草帘子）收起，夜晚及时将棉被（草帘子）放下，使地表5cm处温度白天控制在10～12℃，夜间棚内温度（地表温度）至3～5℃，拉大温差至10℃以上。在催菇方法上要灵活运用，如气温高时要"反掀帘"（白天不打开帘子，晚上打开），进行原基诱导。喷催菇水后4～5天，在土缝间湿润的地方会出现0.5～1mm大小不等的球状小原基（图1-90）。

在原基爆发形成之后，在理想的湿度下，一定要保持棚内晚上地表温度不低于12℃，白天地表温度不高于

图1-90 原基

18℃，才能在尽可能短的时间内，让尽可能多的原基分化成幼菇（正常7～10天分化完成，这段时间是高危警戒时间）。

（2）原基形成针尖状小菇并分化菌帽菌柄 此期需10～15天，羊肚菌原

基2～3天成长为白色针状菇（图1-91），针状菇又发育成1～2cm菌帽菌柄分明（上部黑色菌帽、下部白色菌柄）的桑葚状小菇（图1-92），然后进入幼菇期。

图1-91　针状菇　　　　　　　　　图1-92　桑葚状小菇

从原基到针尖期、桑葚期是羊肚菌最脆弱的时段，可以用弱不禁风来形容。该阶段的管理决定成菇率的高低，是高产的基础，也是成功的关键。需要注意以下四点。

① 一定要避免直风吹，短期直风吹可把菇蕾吹死。

② 注意给予充足的散射光，不是直射光。

③ 防低温和极端高温。这时地表最佳温度6～13℃，不能低于4℃、高于16℃。

④ 该阶段菇体水分主要靠土壤提供，不宜喷水，土壤湿度22%～25%，空气湿度85%～90%。如必须补水，把水喷在走道里为宜，喷雾化水，少喷勤喷。

现实生产中，部分种植户不经历催菇，在发菌膜内形成了大量的原基和小菇，这种现象称为膜下菇现象。这种情况不能再浇催菇水，也不能立即取掉地膜，否则会因环境湿度、通风的剧烈变化，而使幼菇夭折。正确的做法是，用竹片做小拱棚，将膜覆盖在高25cm的小棚上，让小菇在小棚内健康生长。

（3）羊肚菌幼菇期　1～2cm的针尖状小菇，经7～10天生长至5cm，此期为幼菇期。幼菇期的小菇，对环境的适应能力比针状菇有所增强，但尚处在幼嫩脆弱阶段。0℃左右的霜害、25℃左右的热害、空气湿度低于70%的风害、持续低温雨水的雨害，均会导致幼菇死亡。因此，创造适宜的温湿度环境，预防极端恶劣气候，是提高幼菇成活率的首要条件。需要注意以下几点。

① 幼菇期幼菇缺氧会生病、死亡，要适度通风，同时避免直风吹。通风时注意小拱棚通风（图1-93）和棚顶通风（图1-94）应间隔进行，避免风大

图1-93 打开小拱棚通风

图1-94 通"顶风"

死菇。

② 注意给予充足均匀的散射光，而不是直射光。羊肚菌有向光性，应向上打开棉被让羊肚菌向上生长。有的种植户仅棚底部透光，造成羊肚菌歪着头生长，不但质量不好，而且容易生病。

③ 防低温和极端高温。幼菇期棚内空气温度要控制在18℃以下（图1-95）；小拱棚内地表温度控制在8～15℃（图1-96），最低不能低于4℃，最高不能高于16℃。

图1-95 测小拱棚内空气温度

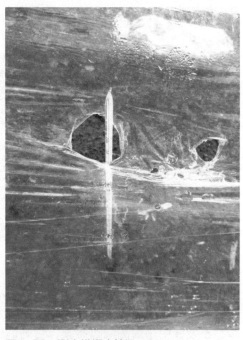

图1-96 测小拱棚内地温

④ 土壤湿度22% ~ 25%，空气湿80% ~ 85%，不宜对菇体喷水。如必须喷水，尽量少喷，以短时间喷雾为主，不能对着菇体直接喷水。

a. 栽培管理中，有些种植户中午看到干湿温度计低于70%，以为幼菇直接喷水没有问题，拿水管像浇蔬菜那样浇地，结果大量幼菇死亡。因为羊肚菌是土生菌，主要从土中吸收水分，催菇水足的话，一般不用补水。如必须补水，把水喷在走道里为宜，喷雾化水，少喷勤喷。喷水时一定注意通风，不喷"关门水"。

b. 喷水时要换折射的雾化喷头，不用普通喷头。

雾化喷头。水通过红色的喷管喷到雾化锥上，不形成水滴，以很薄的雾化形式，一层一层地落下来，分散出去（图1-97、图1-98）。

图1-97　雾化喷头　　图1-98　雾化喷头的水雾

普通喷头。它形成的水滴在幼菇菌帽上（菌帽相当于菇体鼻子），水容易把菌帽堵住，导致幼菇缺氧造成菇体死亡（图1-99、图1-100）。

图1-99　普通喷头　　图1-100　普通喷头的水滴

⑤ 当幼菇长到3 ~ 5cm时，抵抗力强，可撤掉小拱棚地膜（图1-101）。撤膜时可在上午适度喷雾状水补足土壤湿度，下午太阳柔和、4 ~ 5点时开始撤膜。不要在中午最高温时撤膜，否则造成高温死菇。

（4）羊肚菌成菇期　成菇期需7 ~ 10天，是指5cm幼菇长至8 ~ 10cm

的时期（图1-102）。此阶段幼菇生长快，需氧量、需水量大，需保持12～16℃、空气相对湿度75%～80%、土壤含水量20%～25%。北方温室管理基本上是上午7点就全帘揭开、10点通风，下午1点放半帘、3点再开全帘、4点关闭通风口、5点盖全帘保温，做到温度、光线、通风一气呵成。

图1-101 撤膜后的幼菇

图1-102 成菇期

① 温度管理。羊肚菌种植者，应养成天天看天气预报的习惯，在羊肚菌棚内、地面、土壤中均有温度计，要随时掌握三个地点的温度变化。

棚内1.5m高挂温度计，测棚温；温度计插入土内2～3cm，测地温；地面以上15cm，将温度计倒插入土内，用此观察幼菇生长的环境温度。

特别是在中午或高温来临之前，需要通过调节遮阳网、棉被、通风口、喷水等措施调节温度，防止温度过高。测地温、地表温度见图1-103。

② 湿度管理。每个羊肚菌像一台"微型抽水机"，土壤、空气中有足够多的水分，才能让这些羊肚菌茁壮成长。

当菇体表面干燥，或地表轻微发白，或菇体顶部收缩时，则是空气湿度不足，应通过喷雾增加湿度。每天利用微喷或滴灌加湿2～3次（图1-104、图1-105），每次1～2min，做到少量勤喷，保证土壤表面潮湿，土壤含水量不超过25%，保持空间环境相对湿度75%～80%。

图1-103 测地温、地表温度

图1-104　微喷加湿

图1-105　滴灌加湿

图1-106　边缘出菇

喷水时应注意，当菇棚温度在20℃以上时，不能喷水；每次喷水时要注意通气，不喷"关门水"。喷水时不能让土壤表面积水，土壤中长期水分过多，会造成土壤缺氧，限制了菌索的生长，菌丝吸收能力弱，从而出现水菇现象。喷水要均匀，畦面失水、走道水分适宜易造成边缘出菇（图1-106）。

③ 光照管理。出菇期间通过调节遮阳网（图1-107）、棉被（图1-108），将光照强度控制在600～800lx（使用照度计监测）。成菇期要延长光照时间（每天照射时间在16～18h），提高羊肚菌最后的上色程度。

图1-107　遮阳网遮光

图1-108　打开棉被增光

俗话说"万物生长靠太阳"，长时间光照不仅能有效提高地温，同时能让畦面表层多余水分蒸发，使菌丝向土壤深处生长，从而积累更多所需的养分，使得出菇产量增高、菌菇抗病抗杂能力增强。

④ 通风管理。温室封闭好，二氧化碳密度大，沉积在棚底畦面，不易排除，因此要通过通风排除棚底的二氧化碳，换入新鲜空气（氧气），使羊肚菌子实体健康生长。

羊肚菌子实体发育对空气十分敏感，应通风使二氧化碳浓度控制在 0.03% 以下（一般使用二氧化碳测定仪监测）。当人进棚胸闷、呼吸不通畅时，应加强通风。

气温低时中午通风，气温高时（18℃以上）早晚通风，避免冷热风影响子实体正常生长。

通风需要分步进行，即上午8点、10点、12点和下午3点、6点逐步加大通风口和缩减通风口。通风一定要柔和，大风天气通风容易造成小菇成批死亡。

大风天气，要守候在菇房附近，一定要做好防风工作，关闭好通风口，压好棚膜，避免菇体被大风吹干、成批死亡。揭膜通风见图1-109。

当羊肚菌菇体长至约10cm，菇体颜色由灰黑色转浅黄褐色，菇体表面凹凸不平稍有展开时，即可采收（图1-110）。

图1-109　揭膜通风

图1-110　采收（周晴晴　提供）

（5）间歇期、下茬管理　第一茬采收后，清理畦面上的病菇、死菇，大通风，停水5～7天，降低土壤和空气湿度（图1-111）。间歇期控制温室温度15～20℃、空气相对湿度40%～50%，菌丝恢复后，参照头茬菇加湿催菇（图1-112）（加湿催菇见视频1-5）进行出菇管理即可。头茬菇出菇密的地方，下茬出菇稀；头茬稀的地方，下茬菇密。因营养消耗，下茬菇质量略逊于上茬菇。

视频1-5

图1-111　采菇后

图1-112　喷雾化水催菇

二、大田平棚栽培管理技术

1．整地

播种前一个月，清除田间杂草，翻耕一次，深度20cm，土块粒径小于5cm。水稻田块四周做好排水沟，降低土壤湿度到20%～25%。酸性土壤可撒石灰50～100kg再翻耕（图1-113）。

2．搭棚

搭棚时间在播种前一周完成，具体方法参照本章第三节栽培场所的平棚搭建部分。

图1-113　整地（邓瑶　提供）

3．播种

播种前1～2天用微耕机翻耕一遍，翻耕深度12～15cm，使土壤湿度上下一致、疏松透气。测定土壤酸碱度在6.5～8，低于6.5的加石灰再翻耕。菌种用量一亩地250～300袋，重量175～200kg。播种前先将菌种袋撕开，将菌种培养料揉碎，再按照每个棚的面积均匀分配（图1-114、图1-115）。

比较常见的播种方法有条播和撒播两种。条播一般用于土壤湿度比较大，土块较粗和不便于用机器覆土的坡地。播种前先在地表撒白石灰线（图1-116），先按线开沟作厢（畦）（图1-117），厢宽1.0～1.2m，沟深15～20cm，沟宽20～30cm。再在厢面上均匀开2～3条播种沟，沟深5cm，将菌种均匀撒

图1-114　机器破碎菌种

图1-115　破碎好的菌种

图1-116　撒白石灰线

图1-117　用机器开沟作厢

到播种沟内，用土覆盖，覆土厚度为2～3cm。

撒播用于平整、土块较细的土地，可用田园管理机直接开沟覆土。操作简单，效率高。土壤翻耕之后，直接将揉碎的菌种均匀撒在土壤表面。调节微耕开沟机使沟深15～20cm、宽20～30cm。将走道的土翻起均匀覆盖在已播菌种的畦面上，覆土深度以盖好菌种为度。裸露在外的菌种后期容易感染发霉，所以不管采用什么方式播种，菌种都要保持完全覆盖。用微耕开沟机覆土，每天可播30亩，是播种羊肚菌的得力助手。

4．发菌管理

播种24h后菌丝开始萌发，保持土壤含水量达20%～25%、温度14～18℃、空气相对湿度80%～85%促使菌丝生长（图1-118）。经常观察畦面覆盖物下的表土，检查土的湿度（图1-119），手捏有裂口为最佳。

播种5～7天后菌丝边生长边开始弹射出孢子，在土面形成乳白色的孢子层。若天气干燥，表土水分蒸发得过快需及时补水，补水不能直接冲刷厢面，可采用微喷或者往厢沟里面灌水，使表土自然返潮至所需湿度。播种第5天至第11天田间菌丝生长情况见图1-120。

图1-118　菌丝爬土

图1-119　检查土的湿度（邓瑶　提供）

图1-120　播种第5天至第11天田间菌丝生长情况

　　播种11～15天，菌丝长满整个厢面后开始摆放营养袋，营养袋以小麦为主，每亩摆放袋数1800～2500袋。将灭菌好的营养袋用刀片纵向划2条5～7cm的小口，或者用钉子扎20～30个小孔。孔朝下均匀摆放在厢面上，间距30～40cm。用力稍往下按，使小口与土壤结合紧密，便于菌丝吃料（图1-121、图1-122）。

图1-121 放营养袋（邓瑶 提供）

图1-122 摆好的营养袋

营养袋摆放三天后，能明显看见袋口向上生长的菌丝。土侧与表面的附生孢子越来越厚，甚至布满表面，并呈现出白茫茫或灰褐色的状态，手轻拍土面有大量的灰色烟雾腾起，此时应保温控湿增加菌丝生物量。观察营养袋内部有无其他的杂菌感染（图1-123），若发现有明显的青霉、绿霉、黄曲霉及链孢霉等杂菌向下生长时要及时取出挖地深埋。

在近年的大生产中，播种之后盖膜是保持发菌期间土壤湿度均匀一致的重要措施之一。常用的有白膜和黑膜两种。白膜的特点是透光，盖膜后不改变光照强度，对菌丝的发育和后面幼菇的形成没有影响，也就说即使种植户掌握不了揭膜时间，也不影响原基的正常分化，其缺点就是不能控制田间杂草。若是田间杂草较多的，建议使用黑膜。使用黑膜保湿的一定要注意揭膜时间，黑膜不透光，揭膜过晚会影响幼菇的正常发育。不管用白膜还是黑膜，都要在膜上打透气孔，大小1～2cm，间距30～40cm。水源条件好的，可以安装喷灌设施保持湿度，也可以不用盖膜（图1-124、图1-125）。

营养袋摆放30～50天，气温回升到

图1-123 查看营养袋（邓瑶 提供）

图1-124 黑膜

0℃以上，观察到绝大部分白色孢子粉变黄或消退时（图1-126），仔细观察发现原基已经开始形成，羊肚菌菌丝已由原先的营养生长转化为生殖生长。此时揭掉地膜，将营养袋全部拣出，浇一次重水，保持土壤湿度25%～30%。

图1-125　白膜

图1-126　白色孢子粉变黄或消退

5. 出菇管理

待孢子消退完时，地温稳定到5～7℃，在土缝间湿润的地方会出现0.5～1mm大小不等的球状小原基（图1-127），原基以单个或丛生出现，散射光线能照到的呈现出灰色或白色，看上去都像珍珠般晶莹剔透。

原基形成时是湿度管理的重要阶段，此时原基和刚分化的幼菇对环境最敏感，若遇到3℃以下的低温天气，很容易死亡，有条件的可以搭小拱棚抵御寒潮（图1-128）。若空气干燥可随时喷洒少量的水，保持湿润度，保持空气相对湿度85%～95%，可促进菌菇生长。总之保持恒温、潮湿是羊肚菌幼菇生长的基本条件。

图1-127　原基

图1-128　搭小拱棚

子实体生长过程中，尽量保持土壤湿度25%～30%、空气湿度约85%，若发现子实体顶部开始脱水，要立即补水。补水时使用"雾化"工具，喷水时喷头不能直接对准畦（厢）面，要离地面约1m平喷，补水过程中采取轻喷、勤喷的方法使田间湿度达到标准。子实体生长20～30天即可进行采收。子实体第一周至第四周的生长状态见图1-129～图1-132。

图1-129　子实体生长第一周

图1-130　子实体生长第二周

图1-131　子实体生长第三周

图1-132　子实体生长第四周

大田栽培时在下雨之前一定要把能摘的羊肚菌全部摘掉，下雨后摘的羊肚菌烘干的颜色不好看。下雨也很容易造成病菌感染。注意幼菇千万不要淹水，不然刚冒出来小菇雨后几天倒下一片，造成巨大损失。

（罗金洲　提供）

三、冷棚栽培管理技术

羊肚菌采收见图1-133，出菇管理讲解见图1-134、视频1-6。

利用林下、设施大棚种植羊肚菌的几种模式易获得高产，冷棚羊肚菌高产现场见图1-135。下面介绍一下冷棚栽培羊肚菌高产技术，供大家参考。

视频1-6

图1-133　羊肚菌采收

图1-134　出菇管理讲解

图1-135　冷棚羊肚菌高产现场（周晴晴　提供）

1. 栽培场地土壤的处理

羊肚菌开始种植前必须将土地整平，防止积水造成羊肚菌不出菇或者出菇后死亡。为了尽量减少病虫害的发生，防患于未然，提高产量，栽培土地要深耕暴晒10 ~ 15天，并用石灰（每亩50kg）和广谱杀虫剂进行杀虫杀菌处理，先喷洒高效低毒杀虫杀菌剂，5天后再撒石灰，然后进行旋耕。土块不必太细，适当添加一些腐殖土、复合肥（每亩10 ~ 20kg），增加土壤的有机质和通透性。种植面积较大时，建议使用旋耕机旋耕，方便快捷，旋耕后土壤均匀。

2. 播种

播种时间为每年的10月中旬到12月底，具体播种时间以当地温度为评判标准，未来15天内没有高于20℃的天气即可播种。

每亩菌种用量200kg，使用撒播，将菌种用破碎机打成小块，均匀地撒在厢面上，厢面宽80～120cm，然后覆土3cm。种植面积较大建议用开沟覆土机，覆土均匀、效率高。

3．安装滴灌、喷灌设施

播种后需立刻安装滴灌设施上水，土壤湿度需达到22%～25%。滴灌设施有很多优势，可以避免漫灌造成的土壤板结；避免喷灌的水溅起泥进入菇体内，影响羊肚菌的品质与口感。喷灌设施每个厢面设计两行到三行，喷灌直径可以达到50cm，这样可以保证厢面每个地方都可以接触水源。喷灌设施可以有效地保证和调节播种期、菌丝生长期和出菇期棚内土壤和空气湿度。

4．覆膜

播种上水后立即覆地膜，使用黑膜或白膜直接平铺覆盖，地膜的宽度大于厢面的宽度，地膜从厢面覆盖到厢沟，然后打孔透气，孔径1.5cm，打孔间距20cm。覆膜后可覆稻草片，也可单独覆稻草片。单独覆稻草片时，需将厢面全部覆盖，密度要大。覆膜见图1-136，覆稻草片见图1-137。

图1-136　覆膜　　　　　　　　　　图1-137　覆稻草片

5．放置营养袋

播种7～10天后，菌床长满白色菌霜时（图1-138），揭开地膜，放置营养袋（图1-139）（放后再盖上地膜）。营养袋的放置方法是将营养袋一侧打孔或划口，将划口或打孔的一侧放在菌床表面，稍用力压实，每袋间隔30cm，每亩地1500～2000个。

6．养菌

整个菌丝生长过程中，应做到雨后及时排水、干时及时补水，保持地面的土壤不发白，使土壤湿度保持在15%～25%。在养菌期间如有杂菌、虫害，请及时处理，避免病虫害发生。因为覆盖黑膜能保持土壤湿度，整个发菌期间基本上不用浇水。俗话说："干养菌，湿养菇"，养菌时建议少喷水，及时通风，保持适

图1-138　白色菌霜　　　　　　　　　图1-139　放营养袋

当的氧气。如果养菌过程中浇水过多，会造成土壤温度低、透气差、板结，影响菌丝活力，特别是板结的土壤，原基易在土面上形成，不易成活。

7. 越冬

外源营养袋放置后，在温度适宜的情况下，菌丝15天会长满菌袋。40～45天后外源营养袋的营养会被耗尽，由饱满变瘪，此时可以移除营养袋，如果营养袋没有被杂菌污染，也可不移除。

北方冬季较寒冷，为了防止菌丝被冻伤，影响出菇，应做好越冬管理。此阶段要加强管理，选择保温、保湿、透气性能好的材料覆盖在菌丝上面。此时若地面太干可补水1次，但补水一定要在上冻之前进行。冷棚不鼓励年前催菇，遭遇倒春寒会冻死幼菇。

8. 催菇管理

春季气温回升到6～10℃时，进行催菇。首先揭掉畦面膜放到走道上，进行一次重水催菇，喷水或者进行沟内灌水，刺激菇蕾发生，用水量5kg/m²，空气湿度达到85%～90%，土壤水分20%～30%，增加散射光照射，早晚各通风一次，时间2～3h。待土不沾鞋时参照温室搭建小拱棚，一般7～10天后小拱棚内原基大量形成，并逐渐形成幼菇（图1-140～图1-143、视频1-7）。

视频1-7

9. 出菇管理

羊肚菌出菇分为五个时期，原基期、针尖期、桑葚期、幼菇期、成熟期，前三个时期尤为重要，该时期羊肚菌比较娇嫩，必须像呵护自己的孩子一样一刻不能放松。温度是红线，羊肚菌生长期最高温度不得超过20℃，最低温度不得低于4℃，最佳温度为8～16℃。高温时可以利用滴灌滴水降低地表及土壤温度，还可以增加遮阳网厚度，避免阳光灼伤。前三个时期幼菇娇嫩，尽量不上水，防止湿度过大，菇体腐烂坍塌。出菇期间保持适宜的温湿度，若遇连阴雨，室外潮湿，则将黑膜掀开，透风换气；如遇高温天气，则覆膜开门通风喷水，降温处理（图1-144～图1-147）。

图1-140　覆盖黑膜小拱棚

图1-141　覆盖白膜小拱棚

图1-142　原基

图1-143　幼菇

图1-144　成菇

图1-145　采收

图1-146　装筐

图1-147　入库加工

（周晴晴　提供）

第五节　羊肚菌采收、分级、保鲜、干制

　　在羊肚菌整个生产过程中，采收、保鲜、干制是不可忽视的环节。适时采收是保证羊肚菌质量的根本途径，而有效的保鲜、干制更是提高羊肚菌附加值的重要手段，下面介绍采收、保鲜、干制的方法。

一、采收标准和方法

1．采收标准

　　羊肚菌幼菇期时，菌盖顶尖上面的棱形凹槽紧密而细小，随个体增长，棱形凹槽增大，顶端近圆形的凹凸部分逐渐平坦、润滑光亮，色泽由黄褐色或红色转为深褐色或黑色。菌柄肥厚成米黄色或白色。菌托（根部）明显膨大，说明已经成熟，需及时采摘，否则菌盖过大既影响品质也不利于周边小菇的生长。

2．采收方法

　　羊肚菌采收一般要选择在晴天的早上或者是阴天，在雨天或者是下雨前后以及晴天下午都是不适合采收羊肚菌的。其次就是在采收羊肚菌的时候，手要干净，不要碰到羊肚菌的菌盖，要拿着羊肚菌的菌柄来采收。采摘时，一手握住子实体，一手用刀片沿羊肚菌菌柄基部膨大部分，平整切下。采收时由于有些小羊肚菌正在生长，要小心，不要碰伤正在生长的子实体（图1-148、图1-149）。

图1-148　羊肚菌鲜菇大田采收

图1-149　刚采收的羊肚菌鲜菇

3．采收清理

采收后及时清理地面死菇、病菇等残留物，并及时运出栽培场，确保环境卫生。留在土里的菌柄基部残余最好清理出来，集中处理，这样既利于附近土壤发生羊肚菌新的原基，也可避免菌柄基部发生马陆等害虫。

4．选择采集容器

鲜菇要轻采轻放，按菇体大小、朵形完整程度进行分类，装入采集容器内。采集容器建议用塑料筐、竹篮子。塑料桶、泡沫箱或纸箱不透气，鲜菇会因为自身发热导致商品性迅速下降（图1-150～图1-153）。

图1-150　塑料筐

图1-151　塑料桶

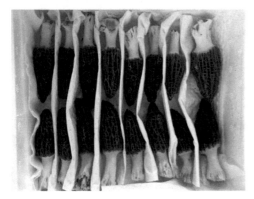

图1-152　泡沫箱

图1-153　纸箱

二、鲜菇的分级、保鲜

1．分级

鲜菇的基本要求：鲜菇要求含水量低于90%，无异常外来水分；菌柄基部剪切平整，无泥土；有羊肚菌特有的香味，无异味；破损菇小于2.0%，虫孔菇小于5.0%；无霉烂菇、腐烂菇；无虫体、毛发、泥沙、塑料、金属等异物。鲜羊肚菌的分级标准见表1-4。

表1-4　鲜羊肚菌的分级标准

规格	小	中	大
菇帽长度	3 ～ 5cm	5 ～ 8cm	8 ～ 12cm
菌柄长度	≤ 2cm	≤ 3cm	≤ 4cm
等级	外观	菇帽	菌柄
级内菇	菇型饱满、硬实不发软、无破损	浅黄色至深褐色，长度3 ～ 12cm	白色
级外菇	级内菇之外，符合基本要求的	浅黄色至深褐色，允许有少量白斑	白色

2．保鲜

羊肚菌鲜品采摘、分级修整之后，装入内衬保鲜袋的箱内。没有条件的种植户，在羊肚菌装箱的同时在箱内装入几个冰袋降温，封箱后尽快运至客户。有条件的种植户，将装箱的羊肚菌放入0 ～ 1℃冷库内，预冷16 ～ 24h后封箱扎口。箱之间预留一定的空间，便于冷空气流通。预冷后在2 ～ 4℃条件下，可保存5天。

三、干制

羊肚菌的干制是最后一环，要非常重视。干制得好，每千克能卖到数千元；如果干制成"胶片"，每千克只能卖几百元。干制方法很多，主要有自然干燥法和机械烘干法。

1. 自然干燥法

如果羊肚菌的栽培规模不大、数量不多，可采用自然干燥方式。将采收的羊肚菌子实体摊放在筛帘或竹席上，晒到含水量12%以下时即可。晾晒过程中要经常翻动，以加速干燥。自然干燥使用的工具简陋、成本低，但产品的质量得不到保证，若遇到阴雨天气，羊肚菌则易变褐、变黑，甚至霉烂（图1-154）。

图1-154 自然干燥法

2. 机械烘干法

羊肚菌鲜菇要求采摘后5h以内必须进行烘干，否则会影响商品性。烘干时将鲜菇平整铺在烘盘上，子实体之间无重叠（图1-157）。烘干设备样式很多，烧煤柴的、用电的、用蒸汽的，价格几千元至几十万不等（图1-155、图1-156）。不论选用哪种烘箱，进行烘干时排湿一定要通畅，否则鲜菇会被烘焦，严重降低商品价值（图1-158、图1-159）。

图1-155 简易食用菌羊肚菌烘箱

图1-156 大型电加热羊肚菌烘房

下面以简易烘箱为例介绍一下操作步骤和注意事项。

① 大小一致的羊肚菌均匀地摊放在同一层筛子上，不重叠，有空隙。

② 关好箱门，开启风机，打开下侧进风口挡板。

图1-157　放入烘干箱

③ 炉膛中点燃燃料进行加热，前3h内，温度控制在35～45℃为宜。

④ 按照每小时缓慢升高2～3℃的速度，在3～4h内逐渐将温度提高到50℃。

⑤ 在50～55℃维持3～4h，每隔1h检查一下烘干程度，直到含水量下降到12%左右完成烘干。

⑥ 温度过高时，应打开炉膛，防止产品变色。停火后，风机要继续旋转5～10min。

注意：

① 上部出风口严禁用覆盖物遮挡，以免影响排湿效果。

② 羊肚菌量大时，可将下层先烘干的取出，上层半干的移至下层，再在上层摆上新鲜的子实体，以节约烘干时间。

图1-158　正常烘干

图1-159　排湿不畅

3. 干菇的分级

羊肚菌干菇的基本要求：适期采收并干制，含水率小于12%；菇型完整、饱满，呈羊肚菌特有的菇型；菌柄基部剪切平整；具有羊肚菌特有的香味、无异味；破损菇小于2.0%，虫孔菇小于5.0%；无霉烂菇、虫体、毛发、泥沙、塑料、金属等异物（正常采摘见图1-160，延迟采摘见图1-161）。干羊肚菌的分级见表1-5，不同标准的干羊肚菌见图1-162。

表1-5 干羊肚菌的分级标准

规格	小	中	大
菇帽长度	2～4cm	4～6cm	6～10cm
半剪柄	≤2cm	≤3cm	≤4cm
全剪柄	无柄		
等级	外观	菇帽	菌柄
级内菇	菇型饱满、完整无破损、无虫蛀	浅茶色至深褐色，长度2～10cm	白色至浅黄色
级外菇	级内菇之外，符合基本要求的菇	浅茶色、深褐色至黑色，允许有少量白斑	白色至黄色

图1-160 正常采摘

图1-161 延迟采摘

(a)   (b)

(c)   (d)

图1-162 不同标准的干羊肚菌

图1-163　塑料袋密封保存

4. 封装

羊肚菌烘干完成后，在空气中静置10～20min，使其表面稍微回软，然后封存保藏，避免回潮引起霉变。可选用加厚塑料袋密封保存（图1-163），贮存在通风干燥的贮藏室内。

5. 包装

分级后的产品可以按照不同规格进行包装上市。可选择袋装、盒装、罐装等（图1-164、图1-165），并加装干燥剂。包装后的产品应在阴凉、干燥的环境下贮藏，仓库温度控制在16℃以下，空气湿度50%～60%，可至少贮存半年以上。

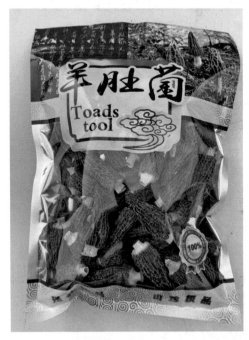

图1-164　袋装

图1-165　罐装

（罗金洲　编写）

第六节 羊肚菌种植过程中常见问题及预防措施

一、病害

1. 羊肚菌白霉病

羊肚菌白霉病是一种真菌性病害，普遍存在于土壤中，是羊肚菌栽培中最常见，也是危害最严重的一种病害，以危害子实体为主。发病初期子实体出现大小不一的小白点，此白点慢慢扩大、加深致菇体穿孔，成为畸形病菇。田间湿度大、气温高，容易爆发病害，25℃以上的高温高湿天气，病菌可在3～5天长满整个子实体。预防白霉病最有效的办法就是降低温度、湿度，可通过用微喷浇水取代大田漫灌，同时在出菇季节中午高温期加强棚内通风，降低棚内空气湿度至85%，保持棚内空气新鲜、菇体干爽，可有效降低发病概率。棚内发现病菇时，将病菇不论大小，及时采收清除至棚外销毁，防止病菌大面积传播。染病的菇可能还有一些白霉病分泌的毒素，不适合食用（图1-166、图1-167）。

图1-166 白霉病初期（李玉丰 提供）

图1-167 白霉病后期（李玉丰 提供）

2. 羊肚菌黑脚病

黑脚病是羊肚菌种植过程中常见的一种细菌病害，尤其是南方地区土地比较肥沃的地方发病严重，通常在幼菇时期发病。羊肚菌发病时，大菇菌柄变黑色（图1-168），局部腐烂、发臭，小菇直接腐烂死亡。发病后，扩散速度非常快，危害程度大。预防黑脚病的办法是前期整地时一亩地施用100kg石灰消毒，后期出菇时，加强通风，降低田间湿度。

图1-168　黑脚病（罗金洲　提供）

3. 裂褶菌

裂褶菌，在云南叫白参菇，湖北叫鸡毛菌，菇体全身茸毛，子实体一朵一朵的，叶片覆瓦状生长，没有菌柄，老熟菌肉柔软革质化、撕不动，菌盖很薄、扇形、灰白色，菇片较大。一般以木屑为原料生产营养袋，若灭菌不彻底，在高温高湿时裂褶菌易发生。它生长速度快，争夺营养袋、土壤中的营养，造成羊肚菌减产。防治裂褶菌的办法是生产时降低温度、加大通风量，保证空气流通；发现病菇，及时采收清除（图1-169、图1-170）。

图1-169　裂褶菌初期（李玉丰　提供）

图1-170　裂褶菌后期（李玉丰　提供）

4．绿霉感染

高温高湿的条件下，畦面、营养袋易出现绿霉，应早发现、早处理。污染轻的畦面用小铲将绿霉清除，表面撒石灰；污染重的畦面，将整个畦面的培养料清除。营养袋感染绿霉，感染轻微的，降低温度，让羊肚菌菌丝快速生长；感染严重的及时清理到棚外当燃料烧掉（图1-171）。

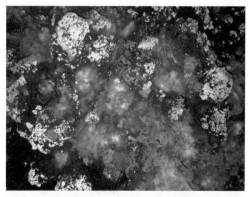

图1-171　畦面绿霉感染

5．生理性病害

由于菇棚及外界环境突然变化或遭受水淹等问题，会造成羊肚菌生理性病害。0℃左右的霜害、25℃左右的热害、空气湿度低于70%的风害、持续低温雨水的雨害，均会导致幼菇死亡。

（1）水害

① 特征。"水菇"地上部分个体小而瘦长，一般只有正常个体大小的一半左右，菌盖肉质极薄，质量轻（图1-172）。出菇3～4天后就表现出成熟时固有的颜色，菌褶开裂早，表现出明显的早熟现象。地下菌索少并且入土短，大部分菌索不呈正常的白色，而呈黄褐色。"水菇"不及时采收很快就会腐烂。

图1-172　水菇

② 形成的原因。由于土壤中长期水分过多，造成土壤缺氧，限制了菌索的生长，其吸收功能降低，从而出现"水菇"现象。

③ 防治措施。覆土厚度不超过3cm，适时通风。在菇蕾或幼菇期应采取喷雾方法，控制浇水量，不喷"关门水"。

（2）冻害

由温度过低引起，主要症状是菌柄颜色变灰色、菌帽分化不完整、纹路不清晰、无恶臭味（图1-173）。要时刻注意温度变化，在原基爆发形成之后，温度过低时，晚上一定要关闭风口，以防冻害。

（3）热害

羊肚菌是低温型菌类，20℃是羊肚菌子实体生长的红线，子实体生长不宜超过20℃。在管理中，应养成天天看天气预报的习惯，在羊肚菌棚中、地表、土壤中，均应有温度计，随时掌握三点温度变化。若发现温度过高，

图1-173 低温冻害

图1-174 黄板诱杀

可通过通风、喷水等方法降温。

（4）**风害** 对羊肚菌来说，风是既必需又可怕的。风大时，特别是晚上的冷风，可将原基和幼菇一夜吹死，有些种植户因此遭受重大损失。在生产中一定要注意通风适度，采取"小拱棚"模式，预防风害。

二、虫害

羊肚菌在出菇期环境潮湿，易发生菇蚊、菇蝇、蛞蝓、跳虫等害虫，必须采取"预防为主，综合防治"的方针。第一，播种前做好栽培场地的清洁，清除污染源，喷施一遍氯氰菊酯，杜绝虫源发生。第二，在通风口和人员出入口设置防虫网防止外来虫源飞入，用黑光灯、频振式杀虫灯、粘虫板等诱杀害虫，粘虫板悬挂高度离地面0.5m为宜（黄板诱杀见图1-174）。第三，可在大棚角落放置盛有蜂蜜、高浓度杀虫剂稀释液的诱集盆，对跳虫等虫害进行诱杀，及时清理诱集盆中的虫体。下面介绍一下跳虫和蛞蝓、蜗牛的危害和防治方法。

1．跳虫

跳虫是南方羊肚菌大田种植最常见的一种虫害，尤其是水稻田种植，田间存在大量作物秸秆，最容易发生。其幼虫白色，酷似白蚁，但是比白蚁个头小，体长2～5mm；幼虫啃食羊肚菌菌丝，导致田间菌丝或孢子粉呈板块状消失（图1-175）；同时，幼虫大量聚集于营养袋下方或里面，田间翻开营养袋很容易发现。成虫黑色，体长3～4mm，啃食羊肚菌子实体（图1-176），通常聚集于子实体顶部，导致子实体畸形，失去商品价值。

防治方法为，种植前清除田间杂草和作物秸秆，土地旋耕后暴晒。播种后可喷洒氯氰菊酯1000～2000倍液预防，及时清理田间营养袋以降低田间虫口数量。出菇后可根据跳虫的喜水习性，在发生跳虫的地方用小盆盛清水，待跳虫跳入水中后再换水继续诱杀，连续几次，将会大大减少虫口密度。

图1-175 跳虫幼虫危害菌丝（罗金洲 提供）　图1-176 跳虫成虫危害子实体（罗金洲 提供）

2. 蛞蝓、蜗牛

蛞蝓俗称"鼻涕虫"，像去壳的蜗牛，和蜗牛都是田间常见的软体动物（图1-177）。羊肚菌是中低温喜湿性菌类，而这种中低温和湿润的环境，非常适合害虫蛞蝓和蜗牛的生长和繁衍。它们昼伏夜出啃食幼菇，一晚上可咬食几十个幼小子实体，使菇体长大成为畸形菇，畸形菇子实体倒伏，甚至感染病害，失去商品价值。此类害虫可以人工扑杀或在其活动场所洒10%食盐水驱杀。还可在羊肚菌催菇后、盖膜前，将含有四聚乙醛的商品药物（密达、蜗牛敌），直接洒在小拱棚里的畦面上，每亩用量0.5～1kg，可有效阻止蛞蝓、蜗牛危害，且晴天下午施用效果较好。害虫经过时，肉体接触到药粒，慢性中毒而死亡。我们在许多羊肚菌出菇场地中都会看到，长着羊肚菌的土壤表面有蓝色的小颗粒，这就是预防蛞蝓和蜗牛的四聚乙醛药物。

图1-177　蛞蝓（罗金洲　提供）

三、重茬问题

　　羊肚菌和其他作物一样，存在重茬问题。如果一块地连续种植羊肚菌，土壤有效成分消耗大，残留物积累多，病虫害会加剧，必将导致羊肚菌出菇较小、较少，甚至不出菇。因此，为避免重茬问题，提倡换地轮休或倒茬种植。南方地区栽培羊肚菌，多采用水稻与羊肚菌轮作的办法，解决羊肚菌的重茬问题，其效果很好。北方地区，种植户大都在冷棚和日光温室中种植，因修棚造价大，年年换地方不太现实。因此北方地区种植栽培前要对场地进行阳光暴晒、深耕，加大生石灰用量至每亩200kg，高温闷棚3周以上，杀灭土壤中的杂菌及虫卵。羊肚菌可以与玉米、西瓜、黄豆轮作，但在种植过程中，千万不能喷除草剂，以免下茬羊肚菌减产或绝收。

（罗金洲　编写）

第二章

草菇栽培

第一节　草菇概述

草菇（*Volvariella volvacea*），又称兰花菇、秆菇、麻菇等，是一种重要的热带亚热带菇类。草菇的人工栽培方法始于明代，是广东曲江县南华寺僧人发明的，后来被华侨带到了东南亚，在菲律宾、新加坡、马来西亚等国家都有栽培，国内栽培主要分布在广东、广西、山东、福建、江苏等地。草菇不仅味道鲜美、肉质细嫩，而且营养丰富，因而备受人们青睐。草菇栽培的具体特点如下：①栽培周期最短，一般发菌期约7天，出菇采收期为20～30天，整个生产周期35～45天；②属高温型菌类，适宜在夏季栽培；③栽培基质来源广泛，稻草、麦秆、玉米秆、废棉、蔗渣等农业生产的下脚料都可用于种植草菇，既可变废为宝，又不破坏森林资源；④栽培简单、投资少；⑤草菇栽培废料还可作为蘑菇等其他食用菌的堆肥原料循环利用，可降低成本、提高效益。

一、形态特征

草菇由营养器官菌丝体和繁殖器官子实体两部分组成。

1. 菌丝体

草菇菌丝呈白色至淡黄色，由草菇孢子萌发而成，是营养器官，相当于植物的根茎叶。菌丝体生长在培养基内，主要功能是分解基质、吸收营养、大量繁殖，条件适宜时形成子实体。

2. 子实体

成熟开伞的草菇子实体由菌盖、菌褶、菌柄及菌托四部分组成（图2-1）。菌盖展平，中央稍突起；表面灰色，中间颜色较深，往四周渐浅。菌盖下面是密集的菌褶，菌褶是孕育担孢子的场所；初期菌褶为白色，随着子实体发育逐渐变为粉红色，子实体成熟时变为红褐色，外表着生草菇孢子。孢子光滑，孢子印粉红色或红褐色。菌柄浅白色，内实心，呈圆锥或圆柱状，长

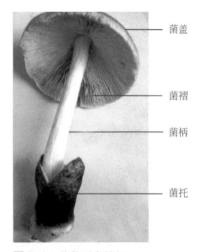

菌盖

菌褶

菌柄

菌托

图2-1　草菇形态特征

5 ~ 18cm，粗0.8 ~ 2.0cm。

二、生长发育条件

1．营养条件

草菇是一种草腐菌，只能利用现成的有机物生长。菌丝体对营养的要求主要是碳源和氮源，最适宜其生长的碳源是纤维素或半纤维素的分解产物，适宜的氮源为尿素、铵盐和多种氨基酸；营养生长阶段碳氮比（C/N）以20：1为宜，而在生殖生长阶段其碳氮比（C/N）则以（30：1）~（40：1）为好。此外，还需要添加多种矿质元素，如钾、镁、铁、硫、磷和钙等以及一定量的维生素。

2．环境条件

（1）**温度**　草菇菌丝体的生长要求较高的生长温度20 ~ 40℃，菌丝体生长最适温度为32 ~ 35℃。温度的变化对草菇菌丝体的生长速度影响很大，高于42℃或低于15℃菌丝体生长都会受到强烈抑制，5℃以下或45℃以上容易引起菌丝体死亡。子实体分化发育的适合温度是27 ~ 31℃，23℃以下难以形成子实体，21℃以下或45℃以上菇蕾死亡。厚垣孢子萌发最适温度是40℃，可以在50℃下24h或4℃下14h不失活。

（2）**水分和湿度**　在含水量50% ~ 75%的基质中菌丝均能生长，最适基质含水量为55% ~ 75%，含水量高菌丝较稀。子实体生长要求80% ~ 95%的相对湿度，以85% ~ 95%为宜，高于95%时菇体易腐烂，低于80%时菇体生长受到严重抑制。

（3）**酸碱度（pH）**　菌丝体生长的适合pH值为5.0 ~ 10.0，栽培料中最适于菌丝生长的pH值为8.0。担孢子的萌发以pH值6.0 ~ 7.0为宜，最适pH值是7.5，高于7.5时担孢子萌发率急剧下降。

（4）**二氧化碳浓度**　草菇是好氧性真菌，在进行呼吸作用时吸入氧气和排出二氧化碳。空气中二氧化碳浓度太高对菇的生长发育具有明显抑制作用，甚至导致生长停止或死亡。

（5）**光照**　草菇担孢子的萌发和菌丝的生长不需要光照，直射的太阳光照射甚至会影响菌丝体的生长。草菇的子实体在黑暗的条件下可以正常生长，但是一定的散射光对子实体的形成有促进作用。子实体的颜色会随着散射光变强而加深，同时子实体组织也变得更致密，但强烈的直射光会抑制子实体的生长发育。

三、草菇的生活史

草菇的生活史就是草菇从孢子发育成初生菌丝，然后生长为次生菌丝体，再发育为子实体，子实体再弹射出孢子的生活循环过程（图2-2）。现从草菇的菌丝体形成和子实发育两方面进行阐述。

母种　　　　　　　　　　原种　　　　　　　　　　针头期

成熟期　　　　　　　　　蛋形期　　　　　　　　　钮扣期

图2-2　草菇生活史

1. 菌丝体形成

菌丝体可分为初生菌丝、次生菌丝。初生菌丝由担孢子萌发而成，相互亲和的初生菌丝发生质配形成次生菌丝。次生菌丝生理成熟后可扭结出菇，形成子实体。

2. 子实体的发育

在适宜的环境条件下，播种后5～14天次生菌丝体即可发育成幼小的子实体，子实体发育可分为针头期、钮扣期、蛋形期、伸长期、成熟期5个时期。平时我们吃的是蛋形期的草菇。

（1）**针头期**　次生菌丝体扭结成针头大小的菇结，白色米粒状，尚未具有菌柄、菌盖等外部形态。

（2）**钮扣期**　针头继续发育成一个圆形小钮扣大小的幼菇，有菌盖、菌褶、菌柄的分化，由针头期至钮扣期为时3～4天。

（3）**蛋形期**　在钮扣阶段后1～2天内，即发育卵状阶段，形似鸡蛋，顶部尖细，此时最适采收。

（4）**伸长期（破膜）**　蛋形期几小时后即进入伸长期。这时菌柄、菌盖等继续伸长和增大，把外膜顶破，开始外露于空间，菌膜遗留在菌柄基部成为菌托。

（5）**成熟期**　菌盖、菌柄充分增大，完全裸露于空间，菌盖渐渐展开呈伞状，后平展为碟状，菌褶由白色转为粉红，最后呈深褐色，担孢子成熟散落。

第二节　草菇栽培季节、场所、原料和方式

一、栽培季节

草菇在自然条件下的栽培季节，应根据草菇生长发育所需要的温度和当地气温情况而定。

草菇属于高温型恒温结实性菌类，菌丝生长温度20～40℃，菌丝体生长最适温度为32～35℃，子实体分化发育的适合温度是27～31℃。因此，草菇的栽培季节多在夏季，通常可以查阅当地气象资料，找到日平均温度稳定在草菇最适宜出菇中心温度27～31℃的时间，往前推6～7天确定为下种的时间。确定了下种时间后，再以这一时间为基准调节各级菌种的制种时间。南方利用自然气温栽培的时间是阳历5月下旬至9月中旬，以6月上旬至7月初栽培最为有利，因这时温度适宜、湿度大，温湿度容易控制，菇的产量高、质量好。盛夏季节（7月中旬至8月下旬）气温偏高、干燥、水分蒸发量大，管理比较困难，获得高产优质草菇难度较大。北方地区以6～7月栽培为宜，如利用温室可以酌情提前或推迟；采用工厂化菇棚，可周年栽培。

二、栽培场所

草菇对栽培设施要求不高，砖混式食用菌菇棚、工厂化菇棚、种菜用的坡面夯土结构大棚或拱棚、种植双孢菇用的土棚均可。

三、栽培原料及配方

根据草菇对营养物质需求量的多少，栽培原料分为主料和辅料两大类。

1．主料

有稻草、麦秸、棉籽壳、废棉、甘蔗渣、豆秸、玉米芯等，栽培过工厂化的杏鲍菇、金针菇的废料亦可用来栽培草菇。

（1）**棉籽壳**　要选用茸毛多的优质棉籽壳、存放时间短的新鲜棉籽壳。栽培前，先在日光下暴晒2～3天。

（2）**废棉**　废棉保温、保湿性能好，含有大量纤维素，是栽培草菇的优质培养料，但透气性较差。栽培前，先将其放入pH值10～12的石灰水中浸泡一夜，捞出沥干后堆积发酵。

（3）**麦秸**　要选用当年收割、未经过雨淋和变质的麦秸，麦秸的表皮细胞组含有大量硅酸盐，质地较坚硬且蜡质多，不易吸水及软化。栽培前需经过破碎、浸泡软化和堆积发酵处理。

（4）**稻草**　应选用隔年优质稻草，要足干、无霉变、呈金黄色。这种稻草营养丰富、杂菌少。栽培前，将稻草暴晒1～2天，然后放入1%～2%石灰水中浸泡半天，用脚踩踏，使其柔软、坚实并充分吸水，捞出即可用于栽培。

（5）**甘蔗渣**　新鲜干燥的甘蔗渣呈白色或黄白色，有糖芳香味，碳氮比为84∶1，与麦秸、稻草相近，是甘蔗主产区栽培草菇较好的原料。用时要选新鲜、色白、无发酵酸味的，一般应取糖厂刚榨过的新鲜蔗渣，及时晾干，贮藏备用。

（6）**栽培过杏鲍菇、金针菇的废料**　将废料从菌袋中倒出，趁湿踩碎，去掉霉变和污染的部分，为减少营养消耗，应及时晒干后贮存备用。

2．辅料

用于栽培草菇的稻草、麦秸等原料中，往往碳素含量高、氮素含量低，配制养料时必须添加适量的营养辅料，才能满足草菇生长发育所需的营养条件。常用的营养辅料有麦麸、畜禽粪、尿素、过磷酸钙、石膏粉、石灰等。

营养辅料的用量要适当，培养料中氮素营养含量过高，会引起菌丝狂长，推迟出菇，另外，容易引起杂菌生长，造成减产。麦麸、米糠和玉米面均要求新鲜、无霉变和无虫蛀。

生石灰是不可缺少的辅料之一，除可以补充钙元素外，还可以调节培养料的pH值，并可去除秸秆表面的蜡质等，使秸秆软化。

畜禽粪作辅料，一般多用马粪、牛粪和鸡粪等，是氮素的补充营养料。使用畜禽粪时要充分发酵、腐熟、晾干、粉碎、过筛备用。

3．栽培料配方

栽培料配方是根据草菇生长发育对碳、氮、无机盐等营养的需要，经多年栽培、比较、试验和菇农实践经验总结，确定的主料、辅料和水的适宜比例。培养料配方是否适宜，直接影响到草菇的产量和经济效益。介绍以下常用的配方供栽培者参考使用。

（1）**稻草熟料袋栽草菇配方**　稻草85%、麦皮10%、过磷酸钙1%、生石灰4%。

（2）**以废棉为主要原料生产草菇配方**　100kg废棉加5kg石灰。

（3）**利用杏鲍菇菌渣栽培草菇配方**　工厂化杏鲍菇废料80%，牛粪5%，过磷酸钙1%，石灰4%。

（4）**采用整玉米芯栽培草菇配方**　每亩玉米芯的用量是5000kg/亩（栽培早用料多、栽培晚用量少），鸡粪的用量是8～10m³/亩，生石灰用量是2000kg，碳酸氢铵100～200kg。

（5）**干稻草和废棉混合配方**　干稻草70kg、废棉30kg、干牛粪粉10kg、麸皮5kg、石灰2kg。

四、栽培方式

下面介绍几种常见的草菇栽培方式，供参考。

1.稻草熟料袋栽草菇

第一种模式是熟料袋栽模式，这种模式利用预湿好的稻草装袋、灭菌、接种，发好菌后脱袋出菇。生物转化率约10%，转化率低（图2-3）。

2.以废棉为主要原料生产草菇

第二种模式是以废棉为主要原料生产草菇，将废棉充分预湿后上架栽培，生物转化率约20%（图2-4）。

图2-3　熟料袋栽草菇

图2-4　以废棉为主要原料生产草菇

3．利用杏鲍菇菌渣栽培草菇

第三种模式是利用杏鲍菇菌渣栽培草菇，选取新鲜的杏鲍菇菌渣充分预湿后即可上架，生物转化率约30%。这种方法简便易行，发展面积很大（图2-5）。

4．采用整玉米芯地栽培草菇

第三种模式是采用石灰水浸泡的整玉米芯栽培，栽培原料间缝隙比较大，有利于草菇菌丝生长，草菇产量很高，很多农户栽培的转化率能达到60%～80%。栽培后菌渣直接还田，不仅不会对土壤环境造成不利影响，还能培肥土壤、改良土壤理化性状和生物性状，促进下茬作物生长（图2-6）。

图2-5　利用杏鲍菇菌渣栽培草菇

图2-6　整玉米芯栽培草菇

5．周年化栽培草菇

周年化栽培草菇，可以有效利用设施，实现草菇生产的高产高效。生产出的草菇品质较好、不易开伞、保存时间长，菇型也好，适合鲜销，售价比普通菇高。这种模式的使用范围正在不断扩大（图2-7）。

图2-7　周年化栽培草菇

6."一料双菇"栽培模式

"一料双菇"模式是近几年发展起来的一种新模式，采用当地资源丰富的玉米芯和牛粪，在栽培双孢菇的棚内先生产一季草菇，草菇菌渣发酵后再栽培双孢菇。这样只用一茬的栽培料，就能实现草菇和双孢菇的双丰收（图2-8、图2-9）。

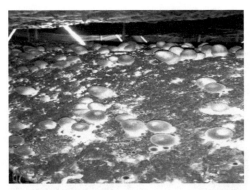

图2-8　草菇

图2-9　双孢菇

第三节　草菇菌种的选择和制作

一、菌种的选择和优质菌种的标准

1.菌种的选择

草菇品种较多，各地可根据生产实际，选用适于本地栽培、发菌出菇及转潮快、抗逆性强、优质、高产、商品性好，以及经省级以上农作物品种审定委员会登记的品种。应从具有相应资质的供种单位引种，通过小面积试种后，再进行大面积生产，避免盲目引进新品种，一次性投入过多产生经济损失。在选购草菇菌种时若发现袋内菌丝已萎缩，出现水渍状液体，有腥臭味者不能使用。袋内菌丝过分浓密、洁白，或出现鱼卵状颗粒，也可能是混有杂菌，应淘汰。

2.优质菌种的标准

（1）**母种**　优质母种为菌丝淡白色至黄白色、半透明、健壮、爬壁能力强，气生菌丝旺盛，菌种表面允许有少量红褐色的厚垣孢子。在32℃的条件下，5天长满斜面。

（2）原种及栽培种　要求生活力强，菌丝生长旺盛、分布均匀，菌丝灰白有光泽，吃料快，不带病、虫螨和杂菌，无异味，无老化、退化及菌料干缩离壁现象；有草菇特有的清香味，无酸、臭、霉等异味。在30~32℃，菌种瓶、袋约20天即可发满。

二、菌种制作

根据生产需要，草菇菌种要提前适时分批制备。一般在开始栽培前20天安排生产栽培种，在生产栽培种前20天生产原种，在生产原种前10天购买或生产母种。菌种生产时间非常重要，一定要按照菌种生产计划严格执行。

1. 菌种分离

草菇菌种分离可采用组织分离法和孢子分离法，下面介绍组织分离法。选取新鲜、健壮蛋形期子实体，用75%的酒精棉球进行表面消毒，再用无菌水冲洗2~3次，并用无菌纱布擦干后用手术刀把种菇纵剖为两半，在菌盖和菌柄连接处用手术刀切成5mm²厚3mm的组织块接于培养基上，盖好平皿，置于32℃的恒温培养箱中暗光培养。待菌落长到2cm，选取菌丝洁白、细密、光滑，沿培养基

图2-10　草菇母种

平行生长的菌落，挑取菌落尖端的菌丝于试管PDA斜面上对菌种进行纯化培养。选择生长速度快、菌丝健壮的菌株为第一代母种（图2-10）。

2. 菌种的制作

（1）母种的制作

① 配方。马铃薯200g、葡萄糖20g、蛋白胨3g、琼脂18~20g、磷酸二氢钾3g、硫酸镁1.5g，水1000ml，pH7.5~8.0。

② 按常规制备、灭菌、接种后在32℃的恒温条件下培养5天，菌丝长满试管斜面。草菇母种经一段时间培养后，其白色气生菌丝会发黄并产生红褐色的厚垣孢子，这是正常现象。

（2）原种、栽培种的制作

① 配方

原种配方：麦粒98%、石灰粉1%、石膏粉1%，含水量50%±2%，pH8.0～9.0。

栽培种配方：棉籽壳80%、麸皮15%、生石灰5%，含水量60%±2%，pH8.0～9.0。

② 菌种瓶、袋的选择。原种常用750ml的标准菌种瓶（图2-11），栽培种一般选用15cm长、28cm宽、0.004cm厚的聚丙烯袋（图2-12）。

③ 拌料、装瓶（袋）、灭菌、冷却

a. 拌料：按常规方法将料水混拌均匀。

b. 装瓶（袋）：按常规方法装瓶（袋），装好料后使用棉塞或盖上能满足滤菌和透气要求的无棉盖体。750ml菌种瓶，一般装培养料湿重约为400g。规格为宽15cm、长28cm、厚0.004cm厚的聚丙烯袋，每袋装料湿重约为600g。

c. 灭菌、冷却：装瓶（袋）后及时灭菌，高压灭菌1.5MPa维持2h（麦粒培养基），常压灭菌100℃条件下10h（棉籽皮培养基）。灭菌后的培养瓶在冷却时，注意要缓慢排气进行降温，待灭菌罐内温度降至60℃，再移至冷却室彻底降温。

d. 接种：在无菌条件下接种，每支试管母种接种5瓶（袋）原种，每瓶原种接种30袋栽培种。

④ 培养。培养室要求清洁、干燥、凉爽。室内温度保持30～32℃，室内空气相对湿度40%～50%，室内空气新鲜，暗光培养。在培育期间，要经常检查菌瓶有无杂菌感染，一旦发现杂菌要及时淘汰。原种、栽培种一般培育20天即可长满。

图2-11　原种

图2-12　栽培种

（3）**菌种贮存**　草菇成品母种放置于室温15～20℃避光保存，控制传代次数在3代以内；成品原种和栽培种可存放于清洁、干燥、避光处贮存，在28～32℃贮存不要超过5天，而在15～20℃贮存不要超过15天，应及时使用。

第四节　草菇栽培管理

下面分别介绍一下稻草熟料袋栽草菇、以废棉为主要原料生产草菇、利用杏鲍菇菌渣栽培草菇、采用整玉米芯地栽草菇、周年化栽培草菇、"一料双菇"栽培模式的具体操作要点。

一、稻草为主要原料的熟料袋栽

这种模式利用预湿好的稻草装袋、灭菌、接种，发好菌后脱袋出菇。

1. 配方

袋栽草菇的原料以稻草为主，配方为稻草85%、麸皮10%、过磷酸钙1%、生石灰4%。

2. 栽培料制备

（1）**浸草**　将稻草放入预先备好的石灰水池中用重物加压浸没，石灰水浓度4%（pH14），一般浸泡6～10h。浸好的稻草捞起后，尽快晾干或施重压沥去多余水分，含水量控制在70%～75%，而后用刀或切草机将稻草切成长15～20cm的短稻草。

（2）**拌料**　按照配方将各种辅料搅拌均匀后撒入切好的稻草中，充分搅拌后，使辅料在草堆中均匀分布。

（3）**装袋**　选取直径为22～24cm、质量好的低压聚烯塑料薄膜筒，切成55cm长，一头用塑料带活结扎，往袋里装料时要边装边压紧，在离袋口2～3cm处活结扎紧。一般每袋可装干稻草0.6kg。

（4）**常压灭菌**　灭菌时2～3h内温度要升到100℃，再继续保持4～6h。灭菌时间不宜太长，保温8～10h培养料过于熟化。4～6h是适宜的常压灭菌时间，既可杀菌，又能改变培养料理化性质，创造有利于草菇生长的条件。

3. 接种与管理

（1）**接种**　料温下降到38℃以下即可接种，接种时将料袋解开，进行开放式二头接种，一瓶750ml容量的菌种可接15袋。

（2）**发菌管理**　将已接好种的菌袋搬入培养室集中排列堆放培养，室温保持在28～32℃，料温约33℃，空气相对湿度70%，一般10天菌丝可走满袋（图2-13）。

4．出菇管理

当菌丝基本走满袋、两端开始出现像菜籽大的灰白色小点时，把袋子全部脱掉，排放在地上，堆叠3～4层，行间距离40cm。出菇期控制棚内温度28～33℃，料内温度33～35℃，空气相对湿度85%～95%，料含水量65%～70%。每天喷洒30℃的雾状水2～3次，不能向子实体直接喷水。增加通风量，每天通风2～3次，每次通风30min。避免阳光直射（图2-14）。

图2-13　发菌管理　　　　图2-14　出菇管理

二、以废棉为主要原料生产草菇

1．栽培特点

这种模式以废棉为主要原料生产草菇，将废棉充分预湿后上架栽培，生物转化率在20%左右。废棉发热时间长、保温保湿性能好、含有丰富的纤维素和半纤维素，在目前有些地区麦草资源缺乏的情况下，选用废棉栽培草菇比较理想。这种栽培模式现在已被广泛使用，但是存在废水污染问题，发展受到一定限制。

2．栽培厂房

现在大多是大批量工业化生产草菇，一般都是采用低成本的泡沫板房来作草菇菇房泡沫板房保温保湿效果好，生产的草菇产量高而且非常稳定。菇房的建立采用聚苯乙烯泡沫板嵌在杉木框架（或铁管框架）上，里外覆盖塑料薄膜，以利控温控湿。需要注意一点，菇架不要靠在板墙上，中间要留一宽0.8 ~ 1.0m的过道；菇架4 ~ 5层，层间距0.6m；单面操作床架宽0.6 ~ 0.7m，双面床架宽1.2 ~ 1.4m，床架离墙至少0.3m，床面上铺尼龙网，使其上下出菇，增大出菇面积，最大限度地提高产量。

房顶最好采用弧形，不仅可以提高空间利用率，而且利于通风，最主要是可以防止冷凝水滴落到培养料上，引发杂菌感染和腐烂。板墙上每隔3m左右竖装一个日光灯管，来满足子实体对光线的需求。菇房两头必须开设2 ~ 3个通风窗口，以利对流通风，长宽在0.3 ~ 0.4m，同时下方也要开设2个通风口。

3. 废棉栽培料制备

一般采用100kg废棉加5kg石灰的配方，其制备方法是：在栽培场所按种植量挖一个池子，然后铺上塑料布，根据配方按一层废棉一层石灰的方法将废棉放入池子中，用水泥柱等重物将培养料压好，放入清水，浸泡24 ~ 48h堆积发酵。继续发酵3 ~ 4天，第一次发酵便算完成。把第一次发酵好的原料搬进菇房，平铺在菇床上，厚约10cm；封闭门窗，通入蒸气；当料温上升至58 ~ 62℃时，保持24h后停止加热。

4. 播种

当温度降到45℃时打开菇房门和通气孔加强通风换气，当料表面温度降到35℃时播种。播种采用穴播加撒播的方法，将菌种轻轻掰开如核桃大小，穴播的行间距约10cm。将剩余的碎菌种，撒在料表面上，用木板轻轻拍平。穴播用种量可占70%，撒播占30%，每平方米用1.0 ~ 1.5kg菌种，再在料面上盖直径约1cm的颗粒状的湿土。

5. 发菌管理

菌丝体生长发育期间，适宜室温应控制在30 ~ 34℃之间；料温约38℃为佳，不可超过40℃，否则易造成烧菌。7 ~ 9天后，菌丝长满料床，开始扭结成子实体。此时万万不可直接喷水至其表面，以免造成烂菇，影响品质和产量（图2-15）。

6. 出菇期管理

出菇期温度和湿度是关键，底层料温28℃为宜，顶层应控制在28 ~ 30℃。空气相对湿度应在85% ~ 90%之间，湿度不足，只能午后利用高温向过道和墙壁喷水；湿度过高，应及时通风换气。既要保证菇房通风良好，又要稳定菇房内的温度和湿度，只有按要求做好了，才能保证草菇优质高产（图2-16）。

图2-15　发菌　　　　　　　图2-16　出菇

三、杏鲍菇菌糠种植草菇

工厂化栽培杏鲍菇出一潮菇后废料营养仍然丰富，弃之不用非常可惜，利用其栽培草菇的技术要点如下。

1. 栽培季节

草菇属高温恒温结实性食用菌，菌丝生长时培养料的温度以30～36℃为宜，子实体形成与发育温度以28～35℃为宜。在夏季自然条件下生产时，6～8月室外气温稳定在25℃以上时栽培。根据栽培时间，提前制种。

2. 准备废料

将出过一潮菇的杏鲍菇废菌袋（挑选无霉变、无杂菌污染的菌袋），用专用的脱袋粉碎机（脱袋、粉碎一起完成）将菌袋粉碎后摊开晾晒后贮存备用（图2-17～图2-19）。

图2-17　杏鲍菇菌渣

3. 发酵

采用配方（工厂化杏鲍菇废料80%、牛粪5%、过磷酸钙1%、石灰4%）进行配制，并按常规方法拌料，建成宽1.5～2.0m、高1.0～1.2m的料堆，长度依照场地情况安排（图

图2-18 粉碎机

图2-19 晒干备用

2-20）。建堆后每隔50cm用直径5cm的木棒自上而下扎一个到底的通气孔，以利于通气发酵。当培养料堆顶垂直向下30cm处温度升至60℃时，保持24h后进行第一次翻堆，使培养料上下、里外互换位置，有利于发酵均匀。翻堆时要及时检查料内水分，如料内水分缺乏要及时补充0.5%的石灰水。翻堆后重新建堆打通气孔，再次升温到60℃时保持24h。将料运到菇房（棚）内进行铺料，料的厚度为20～25cm。上料后关闭门窗，菇房用蒸汽加热，当料温上升至58～62℃，保持24h后停止加热（图2-21）。当温度降到45℃时打开菇房门和通气孔加强通风换气，当料表面温度降到35℃时播种。发酵好的栽培料呈棕褐色，柔软有弹性，具菌香味，无氨味、无异味，pH8.0～9.0，料含水量65%～70%。

图2-20 建堆

图2-21 二次发酵

4. 播种、覆土

播种前在菇房内进行多点气雾熏蒸消毒，将接种工具、播种人员带的胶皮手套用3%的高锰酸钾水进行清洗消毒。将培养好的优质适龄草菇栽培种从培养室取出移送到栽培场地，将菌种袋表面消毒后去掉袋口表面的老化菌种，取出菌种装入经消毒的盆内，把栽培种运到菇房预热到接近培养料的温度。播种时将菌种均匀地撒在培养料表面，每平方米使用草菇栽培种0.75kg，并封住整个料面，用木板适度压实使菌种和培养料紧密接触，盖上薄膜，保温保湿。播种后2～3天进行覆土，覆土时将土均匀覆盖在料床表面和周围，厚度约2cm。土壤湿度以手捏土粒扁而不破、不粘手为宜。

5．发菌管理

由于杏鲍菇菌渣富含麸皮等氮源丰富的物质，加之培养料质地较细，铺料播种后应密切注意培养料温度。播种后，保持设施内温度30～35℃；培养料中心的温度超过38℃时，需及时通风降温。发菌过程中保持培养料含水量65%～70%、空气相对湿度80%～85%。培养料菌丝生长不需要光线，要暗光培养。一般播种培养9～10天菌丝长满培养料即可现蕾出菇（图2-22）。

图2-22 发菌

6．出菇管理

见黄豆大小菇蕾时采用雾化喷头进行料面和空间喷水，增加空间湿度到85%～90%，料含水量65%～70%。出菇期间室内温度28～33℃、料温33～35℃、50～100lx散射光，保持棚内空气新鲜。温度过高时多通风，温度过低时少通风，通风要注意与保湿相结合。草菇生长速度极快，一般播种后13～15天，当草菇颜色由深变浅、包膜未破裂、菌盖菌柄没有伸出时采收。采下的鲜菇及时用刀削去菇脚表面的泥土，即可出售或加工。每一潮菇采收完后要及时清理料面，在保持菇房温度基本稳定的前提下，喷水保湿，调到偏碱性，促进菌丝恢复。一般7天后可采收第二潮菇，若以采收二潮菇为目标，一个生产周期约30天。出菇见图2-23，采收的草菇见图2-24。

四、整玉米芯地栽草菇

采用石灰水浸泡的整玉米芯地栽草菇，栽培原料间缝隙比较大，有利于草菇菌丝生长，草菇产量很高，很多农户栽培的转化率能达到60%～80%。栽培后菌渣直接还田不仅不会对土壤环境造成不利影响，还能培肥土壤、改良土壤理化性状和生物性状，促进下茬作物生长。下面我们以山东莘县为例介绍一下整玉米

图2-23　出菇

图2-24　采收

芯地栽草菇要点，供大家参考。

1. 整玉米芯地栽草菇优点

第一，利用夏季闲置蔬菜大棚进行栽培，栽培设施简便、成本低，可以是日光温室大棚，也可以是拱棚。一个好的出菇棚应具有保温、保湿、通风性好和利于排水、避光等特点，而蔬菜大棚恰好能满足上述条件。

第二，草菇产量很高，效益好。以一亩蔬菜大棚为例，栽培草菇成本约1万元，产量5000kg，按每千克6元计算，产值3万元，一个多月（35～45天）的时间可实现净利润20000多元。因此整玉米芯地栽草菇具有投资小、周期短、收益高、市场潜力大的特点。整玉米芯地栽草菇经济效益见表2-1。

表2-1　整玉米芯地栽草菇经济效益（山东莘县模式）

支出项目	成本/元	备注	产量/kg	产值/元	利润/元
上料费	2000	20个工			
削根	2000	5000kg×0.4元/kg			
玉米芯	2000	5000kg×0.4元/kg			
石灰	500	2000kg×0.25元/kg	5000	33000	22800
鸡粪	1500（10m³）	10m³×150元/m³			
菌种	1200	750kg×1.6元/kg			
氢铵、耕地、地膜等	1000				
成本合计	10200				

第三，利用夏季闲置蔬菜大棚栽培草菇，提高了大棚的利用率。地栽草菇一般发菌期仅7天左右，出菇采收期为20～30天，整个生产周期35～45天。因此，山东省大部分地区可以在6月上中旬～8月中下旬这一高温时段内栽培。

若安排好茬口，既不会耽误蔬菜生产，还能在中间生产一茬草菇，实现双丰收。

第四，草菇栽培结束后菌渣直接还田，不仅不会对土壤环境造成不利影响，还能培肥土壤、改良土壤理化性状和生物性状，对于使用时间较长出现连作障碍的老棚，还能减轻土壤连作障碍，促进下茬作物生长，下季作物明显长势好、产量高、品质好。

2．栽培原料和设施

（1）栽培原料　草菇的栽培原料主要有玉米芯、稻草、废棉、杏鲍菇菌渣等。草菇能很好地利用淀粉，在培养料中添加玉米粉、麸皮，能促进菌丝早期快速生长。为增加产量，栽培时可添加粪肥、麸皮、豆粕和碳酸氢铵、尿素等氮源。

地栽草菇时，使用的主要原料是玉米芯和鸡粪，每亩玉米芯的用量是5000kg（栽培早用料多、栽培晚用量少），鸡粪8～10m³，生石灰2000kg，碳酸氢铵100～200kg。

（2）栽培设施　地栽草菇使用的设施基本都是夏季闲置蔬菜大棚（图2-25），大棚本身不需大的改动就能栽培草菇，提高了大棚利用率。

图2-25　夏季闲置蔬菜大棚

3．栽培过程

（1）备料和闷棚

草菇栽培的原料需要预湿或浸泡。地栽草菇原料的预处理包括玉米芯和鸡粪的预处理。另外，大棚需要在栽培前做好灭菌消毒工作。

① 备料

a．选用生石灰（图2-26）和新鲜、无霉变的整玉米芯（图2-27），不用

图2-26　生石灰

图2-27　新鲜玉米芯

粉碎，整穗即可，暴晒3天左右，期间翻晒几次。

b. 根据玉米芯的数量，挖好浸泡池。一般池深80～100cm，上宽下窄，按照每立方米玉米芯约重90kg推算泡料池的大小，池内铺大棚膜以防渗水。先均匀撒30cm厚的玉米芯，其上撒一层1～3cm厚的生石灰（图2-28），之后铺一层玉米芯撒一层石灰，最后在浸泡池内灌满水（图2-29），使料完全浸入水中。石灰用量要下层少上层多，石灰要留1/5，以后分次补充加入。

图2-28　撒石灰

图2-29　撒石灰后浇水

c. 根据气温高低和玉米芯材质不同，一般需要浸泡6～9天，中间翻料2～3次。当掰开浸泡的玉米芯，中间完全发黄，达到表里一致，原料就算泡好了。泡料池选址以方便上料为原则，可选在大棚内、棚前，或大棚周边。池深80～100cm，上宽下窄。大小根据料的多少设定，按照每立方米玉米芯约重90kg推算泡料池的大小，池内铺设大棚膜以防渗水（图2-30～图2-32）。

图2-30　泡料

图2-31　翻料

图2-32　泡好的玉米芯

上料前20天发酵处理鸡粪，将鸡粪堆制成直径2m的圆形堆（图2-33），边加粪边洒水。建堆后在鸡粪上面盖上塑料布并压紧周边，保温防水，这样自然发酵15～20天就可以使用了。

② 闷棚。栽培前先把处理好的鸡粪，均匀撒入棚内（图2-34），可增施碳酸氢铵（图2-35），碳酸氢铵有增加氮源和杀灭杂菌的作用。施完粪后，旋耕2遍，然后关闭大棚所有通风口，闷棚5～7天，上料前大棚浇一遍透水（图2-36）。

图2-33 鸡粪建堆

图2-34 施入鸡粪

图2-35 施入碳酸氢铵

图2-36 浇一遍透水

（2）上料、播种和发菌

① 上料。草菇上料（进料）时，普遍是采用人工上料（图2-37）。在规模化生产时，可以选用专用的进料机上料，效率会更高。铺料时在棚内横向铺设料床（图2-38），料床宽0.8m，留料床间距0.5～0.6m作走道，料面整成龟背形，最高处25～30cm（低温时料厚，高温时料薄）。在高温时，如果料铺得太厚，在发菌时容易产生料内温度过高而烧堆的现象，会造成一定程度的减产。

② 播种。地栽时因为是生料栽培（草菇栽培种见图2-39），菌种用量较大，需要占到栽培料的12%～15%，一般每亩播种量在750kg。播种时先用消毒液给菌种袋表面消毒，然后将菌种均匀撒播在料床上，3/4播在料面，1/4播在

覆土面。播种时将少量麸皮或玉米粉混在菌种里播种，效果会更好，麸皮用量一般为菌种量的5%（图2-40）。

图2-37　人工上料

图2-38　铺料

图2-39　草菇栽培种

图2-40　播种

　　地栽草菇需要覆土（图2-41），覆土可以直接在走道中取土。覆盖料面要均匀，土层不宜过厚，以2～3cm为宜。覆土后覆盖薄膜（图2-42），保温保湿，2～3天后料温升至38℃时撤去薄膜。

图2-41　覆土

图2-42　覆膜

③ 发菌管理。草菇菌丝生长不需要光照，因此棚内有一定的散射光即可。草菇菌丝体最适生长温度30 ~ 35℃，低于15℃或高于41℃，菌丝生长受到强烈抑制，棚内温度长期在5℃以下或40℃以上菌丝便会死亡。因此发菌时保持棚内温度28℃以上；料温控制在30 ~ 35℃，最高不超过38℃；空气湿度在80% ~ 85%。注意要每天定时通风，保持空气新鲜，气温高时多通风，气温低时少通风。要密切观察料温，每天至少早、中、晚观察三次，务必控制料温在38℃以下。料温过高可喷水降温，必要时可在料床打孔降温（菌丝长满料面见图2-43）。

图2-43 菌丝长满料面

（3）催蕾和出菇管理

① 催蕾管理

播种后4 ~ 5天，菌丝长到占料床面积70%以上时，就要及时进行催蕾，否则菌丝旺长影响出菇导致减产。

催蕾主要是进行光、温、气刺激，措施是通风、透光、池子中间灌水增加湿度、喷冷水降温刺激菇蕾形成。喷水以18℃左右的井水为好，喷水量以100kg/亩为宜。草菇属稳温结实菌类，恒温有利于子实体形成与发育，因此在喷水后棚内要避免温差过大（图2-44 ~ 图2-47）。

催蕾后1 ~ 2天即播种后6 ~ 7天，床面开始有菇蕾扭结（图2-48），进入出菇管理。

② 出菇管理

草菇生长比较快，因此很容易受到外界环境变化的影响。因此，要掌握棚内温、湿、光、气的全面平衡，以促使菇蕾的健康发育和生长（幼菇见图2-49，成菇见图2-50）。

温度：棚温保持在30 ~ 35℃之间，高于37℃易造成菇蕾死亡，低于28℃则生长缓慢。还要避免棚内昼夜温差过大、温度骤变和大风直吹。

图2-44 棚前通风

图2-45 棚顶通风

图2-46　池子中间灌水

图2-47　喷冷水降温

图2-48　菇蕾

湿度：保持菇床不见干土，空气相对湿度控制在85%～95%，出菇期间尽量不向菇床喷水，补水可向走道灌1%的石灰水或喷洒在棚内预存1天以上的温水。

空气：草菇是好气性菌类，需要充足的氧气。因此在出菇阶段要常通风，可在早晚通风两次以补充新鲜空气，具体时间要结合气温和棚温控制需要而定。通风时长根据出菇量而定，出菇多、菇大，每天通风1～2h；出菇少、菇小，通风1h以内，尽量避免在夜间通风。

光线：草菇的子实体在黑暗的条件下可以正常生长，但是一定的散射光对子实体的形成有促进作用。子实体的颜色会随着散射光变强而加深，同时子实体组织也变得更致密，但强烈的直射光会抑制子实体的生长发育。

应急管理：出菇期间，要每天注意天气变化，大风大雨天调节好棚内的温度、湿度，避免温差、湿差过大，盖压好大棚防风，及时排水，背风向通风。一旦发生不良情况，要及时采取补救措施。现蕾后1～2天即可采收。

图2-49　幼菇

图2-50　成菇

五、周年化栽培草菇

1．周年化栽培周期

周年化栽培草菇，可有效利用设施，实现草菇生产的高产高效，生产出的草菇品质较好，不易开伞，保存时间长，菇型也好，适合鲜销，售价比普通菇高，这种模式在正不断扩大。一年种植草菇6～8个周期，一个生产周期40～45天。

2．栽培设施

周年化栽培使用现代化的出菇房，棚体采用保温材料，棚外有控温的空调和通风系统，棚内的环境相比传统的菇房有保温效果好、不易受外界环境干扰的优点。栽培设施：菇棚长33m、宽7m，栽培面积450m^2，投资6万～8万元（图2-51）。

图2-51 周年化菇棚

3．栽培原料

栽培原料是杏鲍菇或金针菇菌渣，可以加一些牛粪。这种模式充分利用菌渣自身发酵产生的生物热，在不使用外部设施加温的情况下，棚内的温度就能达到灭菌和草菇正常发育对温度的要求。该技术可以实现草菇的周年化生产，具有能耗低、成本低、收益高、易操作等诸多优点，是一种轻简高效的草菇栽培模式。

4．周年化栽培经济效益

按一个栽培面积450m^{2}的棚计算，该种栽培模式主要的成本投入主要有上料费、原料费、电费等，一茬的纯收益约8000元。周年化栽培经济效益见表2-2。

表2-2　周年化栽培经济效益

支出项目	成本/元	备注	产量/kg	产值/元	利润/元
杏鲍菇菌渣	6300	21吨×300元/吨			
上料费	1200	12个工			
牛粪	1800（3吨）	3吨×600元/吨			
菌种	150	125kg×1.2元/kg	2500	20000	80
电费	1000				
削根	1000	2500kg×0.4元/kg			
采菇	500	2500kg×0.2元/kg			
成本合计	11950				

六、"一料双菇"栽培模式

"一料双菇"模式是近几年发展起来的一种新模式，采用当地资源丰富的玉米芯和牛粪，在栽培双孢菇的棚内先生产一季草菇，再把草菇菌渣发酵后栽培双孢菇。这样只用一茬的栽培料，就能实现草菇和双孢菇的双丰收。下面以山东莘县为例，介绍一下采用玉米芯和牛粪"一料双菇"模式的栽培特点。

1．栽培优点

采用当地资源丰富的玉米芯和牛粪，加上少量石灰，在栽培双孢菇的土棚或砖棚内先生产一季草菇，再把草菇菌渣发酵后栽培双孢菇。这样只用一茬的栽培料，就能实现草菇和双孢菇的双丰收。利用"一料双菇"模式生产双孢菇几乎见不到病虫害，并且双孢菇产量高、商品性好。

2．栽培经济效益

利用短短一个多月的时间生产一季草菇，利用这一季草菇的收入不仅可以把生产草菇的成本全部收回，做得好的话，还能把下茬生产双孢菇雇佣工人上料、采菇以及菇房用煤炭加热等费用提前挣出来，收获的双孢菇卖到的钱就是纯利润！

一年内栽培草菇每个周期1m^{2}可获纯利润约10元；栽培双孢菇一个周期，可获纯利润61元。"一料双菇"草菇成本及效益见表2-3，"一料双菇"双孢菇成本及效益见表2-4。

表2-3 "一料双菇"草菇成本及效益

草菇支出 项目	成本 /（元/m²）	备注	产量 /（kg/m²）	产值 /（元/m²）	利润 /（元/m²）
玉米芯	12	每平方米上料30kg玉米芯			
牛粪	3	每平方米上牛粪7.5～10kg			
菌种	1.5	每平方米用菌种一包，1.5元/包	5.5	33 （草菇 6元/kg）	12.5
煤炭	2				
人工	2				
总计	20.5				

表2-4 "一料双菇"双孢菇成本及效益

双孢菇支出 项目	成本 /（元/m²）	备注	产量 /（kg/m²）	产值 /（元/m²）	利润 /（元/m²）
牛粪	6	每平方米上牛粪15kg			
菌种	4				
煤炭	2		12.5	75 （双孢菇 6元/kg）	61
人工	2				
总计	14				

3. 栽培时间

（1）**草菇栽培时间** 在每年的4月末、5月初双孢菇废料出棚后，就可以备料栽培草菇了。栽培时间一般是6、7月份。

（2）**双孢菇栽培时间** 一般是9月到第二年的4月末、5月初。

4. 栽培方法

（1）**草菇栽培方法** 采用如下配方：每平方米用玉米芯30kg、干牛粪10kg、石灰粉0.5kg。选择棚外的空地将原料充分预湿后进棚，经过锅炉加温后使棚内温度达到68℃以完成巴氏消毒和发酵的过程，之后等温度降下来就可以接种了。一般发菌7～9天就有菇蕾冒出，12～16天开始采菇，可以采多茬（图2-52～图2-54）。

（2）**双孢菇栽培方法** 七月中旬等草菇出得差不多了就出棚，在废料中每平方米加入干牛粪15kg，可以加入一些牛粪，也可以不加，之后预湿、翻料和发酵，进行下一茬双孢菇的栽培。管理方法参照第五章即可。

图2-52　原料的预湿

图2-53　上料

图2-54　进棚

第五节 草菇的采收、加工

一、采收、加工

1. 采菇

当草菇长至蛋形且即将伸长时，最合适采摘。在采草菇的时候也是有技巧的，采菇技术的高低会直接影响草菇的产量和收益。采草菇时尽量不碰损其他小菇，用手捏住成熟的菇体连同少量根土一起采下，不要留菇根在料面上。否则，看似采收的草菇漂亮干净，但菇根断裂处，菌丝很容易发生霉变，导致病害的发生（图2-55～图2-57）。

图2-55 采摘

图2-56 同少量根土一起采下

图2-57 采收的草菇

2. 转潮管理

采菇4～5天，头潮菇基本结束，就要进入转潮管理，不再喷水或浇水，使菌丝恢复生长。然后调棚温30℃以上，畦间蓄水沟浇1%石灰水，使棚内空气湿度再升至95%左右，少量通风见光，刺激分化现蕾，可采收3～5潮。

3. 加工和贮运

采收后及时去杂整理、分级保鲜或加工处理。加工方法主要有煮熟后盐渍（图2-58）、脱水干制（图2-59）等。

图2-58　草菇烫漂

图2-59　脱水干制

贮运时草菇不能用低温保鲜，低温（4℃）菇体会自融出水。要求15℃保鲜，最好是适当脱水。

二、草菇还田对土壤环境及下茬作物影响

草菇栽培过程中完全不使用任何农药，保证了草菇生产和栽培土壤绿色无污染。草菇栽培完成后，将草菇菌渣直接翻耕，不用再施用基肥（图2-60）。草菇菌渣对下茬蔬菜生长有极大的帮助，能有效培肥土壤，改善土壤理化性质和生物性状，减轻土壤病虫害，有助于克服连作障碍，增加下茬蔬菜产量，改善蔬菜品质。

经过试验，栽培草菇后，菌渣直接还田，种植的西红柿口感明显变好，地里根结线虫明显减少，一些理化指标如维生素C、可溶性糖含量等都明显提高，增产幅度达到了10%以上（图2-61）。

图2-60　菌渣直接翻耕入地

图2-61　试验地番茄

第六节　草菇的病虫害防治

　　草菇病害主要有鬼伞、白色石膏霉等杂菌污染和菌丝徒长、生理性死菇、脐状菇等生理性病害，虫害主要有螨虫、线虫、菇蚊、菇蝇等。在应对草菇病虫害时应本着"预防为主，综合防控"的原则，从各个环节入手，环环相扣，处处把关，将病虫害控制在萌芽阶段，确保安全出菇。

一、病害中杂菌防治

1. 鬼伞

　　（1）**症状**　鬼伞侵染栽培料，在子实体出现前，床面没有明显症状，待子实体长出料面后，可看到许多灰黑色小型伞菌，即为鬼伞（图2-62），开伞时一般开始液化流墨汁状汁液。鬼伞子实体生长快，与草菇争夺营养，影响菇的产量。

　　（2）**症因**　培养料过湿、过酸、通气不良、温度过高易生鬼伞。

　　（3）**防治**　培养料要求无霉变，使用前最好在烈日下暴晒1～2天。堆料前用1%～2%石灰水浸泡稻草，一方面可杀死杂菌，另一方面可软化禾秆。上床铺料、均匀发菌时控制料温不超过39℃，否则容易发生鬼伞。外界气温较低时应加大播种量，让草菇菌丝尽快满床，抑制鬼伞的发生。每潮菇采收后，可喷洒1%～2%的石灰水。采用二次发酵法栽培草菇，可有效地抑制鬼伞发生。草菇菌丝生长时，如有鬼伞发生可用5%石灰水进行局部消毒。一旦发生鬼伞，应

图2-62　鬼伞

在开伞前及时拔除，防止孢子传播引发二次污染，摘除后的鬼伞及时带出菇房掩埋或烧毁。

2．石膏霉

（1）**症状**　石膏霉发病初期培养基质表面或覆土层面上出现浓密的白色菌落，随着菌落不断扩大，中心菌落的菌丝由白色逐渐转变为肉桂色，最后形成褐色粉末状菌落（图2-63）。

（2）**症因**　在高温高湿环境和偏碱性的条件下容易发病。

（3）**防治**　发生石膏霉时，可喷15%的乙酸（醋酸）溶液或0.2%过氧乙酸，或用过磷酸钙粉直接撒在发病的料面上。

图2-63　石膏霉

二、生理性病害防治

草菇生长过程中除了会受杂菌污染外，也会产生生理性病害。主要包括菌丝徒长、生理性死菇、脐状菇等。

1．菌丝徒长

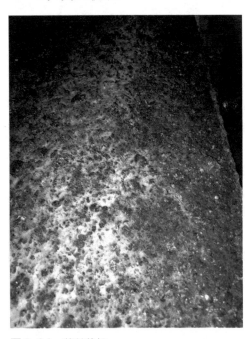

图2-64　菌丝徒长

（1）**症状**　菌丝在培养基中营养生长过于旺盛（图2-64），以致影响子实体的形成，是一种常见的生理性病害，俗称"冒菌丝"。

（2）**症因**　菌丝徒长多是由发菌时间过长、温度过高或催蕾管理太晚等因素导致。

（3）**防治**　在发菌阶段，当菌丝长满料面时就应及时加大通风，以刺激菌丝扭结现蕾，避免菌丝徒长影响产量。

2．生理性死菇

（1）**症状**　幼菇难于正常生长而萎蔫死亡（图2-65）。

（2）**症因**　生理性死菇多是由温

度过高或过低所致，昼夜温差过大、雨水或喷水不当也会导致菇蕾死亡。

（3）**防治**　在出菇管理时，应严格棚内管理，避免出现过大的温差、过高或过低的温度以及缺氧等。

3．脐状菇

（1）**症状**　草菇子实体在形成过程中，因缺氧使外包膜顶部生长异常，出现整齐的圆形缺口，称脐状菇（图2-66）。

（2）**症因**　通风不良，二氧化碳浓度过高。

（3）**防治**　通气量不够时，草菇棚内易缺氧出现脐状菇，因此在出菇管理时应注意棚内通风。

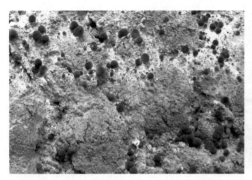

图2-65　生理性死菇

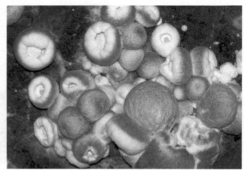

图2-66　脐状菇

三、虫害的防治

相对于病害来说，草菇上发生的虫害较少。主要虫害有菇螨、线虫、菇蚊、菇蝇等。菇棚应远离原料仓库、畜禽舍，使用前菇棚地面环境、生产工具及堆料场所等要进行全面消毒，搞好菇棚及周围环境卫生是防治虫害的有效措施。

虫害发生时，可通过在菇房内安装杀虫灯（图2-67）、粘虫板（图2-68）等诱杀害虫成虫。粘虫板规格为40cm×25cm，悬挂高度为出菇棒上方20cm，密度为每20m²悬挂1块黄板，更换频率为每3个月换一次。

图2-67　杀虫灯

杀虫灯每200m²悬挂一盏，大棚两端设有缓冲间，用80目防虫网封闭。

图2-68　粘虫板

第三章

鸡腿菇栽培

第一节　鸡腿菇概述

　　鸡腿菇（*Coprinus comatus*），又称鸡腿蘑、刺蘑菇、毛头鬼伞等，在分类学上属真菌门、担子菌亚门、层菌纲、伞菌目、鬼伞科、鬼伞属，因其形如鸡腿、肉似鸡丝而得名。鸡腿菇子实体干品中蛋白质含量达25.4%、脂肪2.9%、粗纤维7.1%、总糖56.2%、灰分12.0%；并含有20多种氨基酸，氨基酸总量18.8%，以及多种维生素、矿物元素。它营养丰富、味道鲜美、口感极好，经常食用有助于增进食欲、促进消化、增强人体免疫力，具有很高的营养价值。20世纪70年代西方国家已开始人工栽培，中国于80年代人工栽培成功。鸡腿菇多在春、秋雨后生于草丛或林地中，是一种典型的腐生菌，并且有"覆土利于出菇"的特性，所以它又是较典型的土生菌。鸡腿菇生长周期短、适应基质广泛、易于栽培，可以使用发酵料栽培，生物转化率可达100%，是具有商业潜力的珍稀菌品，被誉为"菌中新秀"。

一、形态特征

　　鸡腿菇的菌丝一般呈白色或灰白色，气生菌丝不发达，经过覆土后，在土粒之间加粗变成线状菌丝。子实体单生或丛生，菌盖初期呈圆柱状、后期呈钟状，继而展开呈伞状。菌柄白色、圆柱状，一般高9～15cm，直径1～4cm，菌柄基部膨大，地下部分呈鳞茎状。菌褶密集，与菌柄离生，宽5～10mm，白色，后变黑色，很快出现墨汁状液体。孢子黑色、光滑、椭圆形（图3-1）。

图3-1　鸡腿菇（崔颂英　提供）

二、营养需求

1. 碳源

　　由于鸡腿菇菌丝分解利用营养的能力较强，故纤维素、半纤维素、葡萄糖等作碳源均可，栽培料中提供碳源的常用原料有棉子壳、木屑、玉米芯、稻草、麦秸等。

2．氮源

鸡腿菇常利用的无机氮有铵盐和硝酸盐，常利用的有机氮有蛋白胨、酵母膏、豆饼、米糠、麸皮等。鸡腿菇菌丝有较强的固氮能力，在营养生长阶段，碳氮比为20：1～25：1，生殖生长阶段碳氮比30：1～40：1为宜。

3．矿质营养

鸡腿菇的生长发育也需要钙、磷、钾、硫、镁等矿质元素，常被利用的有碳酸钙、硫酸镁、磷酸二氢钾、磷肥、石膏等。

4．维生素

在配制培养基时常添加适量维生素，菌丝生长更旺盛。

三、环境需求

1．温度

鸡腿菇属中温型恒温结实性菌类，菌丝在3～35℃可生长，适宜温度为22～26℃。它的菌丝抗寒能力相当强，在零下30℃时也不会冻死。子实体的形成需要低温刺激，当温度降至20℃以下后，菇蕾就会陆续破土而出。低于8℃或高于30℃，子实体均不易形成。子实体生长的温度范围是10～28℃，适宜的温度为15～18℃。

2．湿度

菌丝生长时基料含水量以60%～65%为宜，发菌期间空气湿度可适当控制在40%～50%。子实体生长阶段，空气相对湿度以85%～90%为好；湿度低于60%菌盖表面鳞片翻卷；湿度在95%以上时，菌盖易得斑点病。

3．光照

黑暗条件下，菌丝体生长旺盛，强光对菌丝的生长有抑制作用，菇蕾分化和子实体生长需要100～300lx的光照。

4．空气

鸡腿菇是好气性菌类，菌丝和子实体生长阶段都需要大量新鲜的空气。

5．酸碱度

菌丝在pH2.0～10.0的基料中生长，但最佳pH6.5～7.5。实际生产中，为防杂菌污染，往往添加石灰粉将pH调至8.0～9.0，经发酵、灭菌处理后，pH可达到7.0。

第二节　鸡腿菇菌种选择和制作

一、菌种选择

鸡腿菇品种较多，各地可根据生产实际，选用适于本地栽培、优质、高产、抗逆性强、商品性好、省级以上农作物品种审定委员会登记的品种。

二、优质菌种标准

1．母种

菌丝白色、粗壮、气生菌丝少、无色素分泌。在25℃条件下，菌丝8～10天长满。

2．原种及栽培种

菌丝浓密、洁白、粗壮、生长边缘整齐有力。在25℃条件下培养，菌丝30～40天长满。

三、菌种生产

菌种根据当地适合栽培的时间而定，一般在开始栽培前40～50天安排生产栽培种，在生产栽培种前40～50天生产原种，在生产原种前15～20天购买或生产母种。菌种生产时间非常重要，一定要按照菌种生产计划严格执行。

1．菌种分离

鸡腿菇菌种分离可采用组织分离法和孢子分离法。组织分离法操作方便，菌丝萌发快，后代不易发生变异，遗传性状稳定。下面介绍组织分离法。

（1）**种菇选择**　选择长势好、菇形完整、刚进入成熟初期的子实体（图3-2）。

（2）**种菇的处理**　将种菇去土、切根（图3-3），用75%酒精棉球对子实体表面进行消毒（图3-4）。

（3）**分离与移接**　去掉菌盖（图3-5），用无菌接种刀在菌柄上与菌盖靠近的地方挑取黄豆粒大小的菌肉（图3-6），将菌肉迅速放在平皿培养基上（图3-7）。

（4）**菌丝培养**　将平皿放入25℃恒温培养箱中，2天组织块可萌发出白色菌丝（图3-8），继续生长2天（图

图3-2　选取种菇

3-9、图3-10），挑取生长健壮菌丝的尖端接到试管中，菌丝满管后备用。

图3-3　切根

图3-4　消毒

图3-5　去掉菌帽

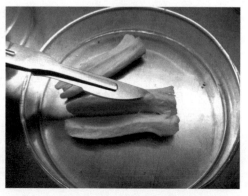

图3-6　取菌肉

图3-7　将菌肉放在平皿培养基上

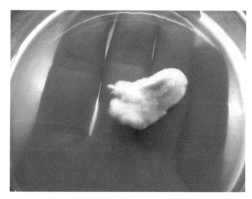

图3-8　培养2天

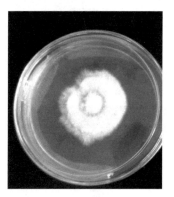

图3-9　培养3天

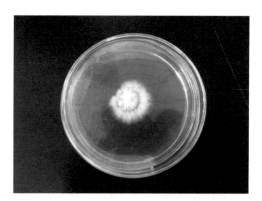

图3-10　培养4天

2.菌种制作

（1）母种制作

① 配方。马铃薯200g、葡萄糖20g、蛋白胨3g、琼脂18～20g、磷酸二氢钾3g、硫酸镁1.5g、水1000ml，pH6.5～7.0。

② 按常规制备、灭菌、将原始母种转接后，在温箱中25℃避光培养8～10天。

③ 菌种保藏。用纸包好菌种后在4℃冰箱保藏。

（2）原种、栽培种制作（固体菌种）

① 原种及栽培种主要配方

a. 木屑培养基：阔叶木屑78%、麸皮20%、糖1%、石膏1%、pH值6.5～7.0，含水量60%～65%。

b. 玉米芯培养基：玉米芯78%、麸皮20%、糖1%、石膏1%、pH值6.5～7.0，含水量60%～65%。

② 生产方法

a．菌种容器选择：原种常用750ml菌种瓶，栽培种常用17cm长、33cm宽、0.005cm厚的聚丙烯袋。

b．装瓶、装袋

装瓶：菌种瓶洗净控干后，装入培养料到瓶肩，将瓶内、外壁擦拭干净，盖上带有透气孔的盖。

装袋：装料20cm，套上双套环。

③ 灭菌方法

常压灭菌，100℃保持10h；高压灭菌，1.5MPa保持2h。

④ 接种方法

原种扩接方法（超净工作台内接种，由试管到瓶）：

a．手和母种试管外壁消毒。b．点燃酒精灯。c．拔掉母种棉塞，在酒精灯火焰上灼烧试管口和接种锄，将母种固定。d．取2块1cm^{2}菌种，至菌种瓶内。e．塞上棉塞，贴好标签。

栽培种扩接方法（超净工作台内接种，由瓶到塑料袋）：

a．对原种瓶盖进行消毒处理。b．手和原种瓶外壁消毒。c．点燃酒精灯。d．在酒精灯火焰上灼烧原种瓶口和接种匙，将原种瓶固定。e．打开原种瓶盖，将表面的老菌皮挖掉，用接种匙捣碎菌种，取满勺菌种至栽培袋内。盖上瓶盖，贴好标签。

⑤ 养菌方法

接种后的菌瓶（袋）最好放入清洁、黑暗的房间培养，培养温度22～26℃，空气湿度40%～50%。每天通风换气2～3次，每次30min。每天认真查看菌种生长情况，发现问题及时处理。正常条件下，一般30～40天可长满。

原种见图3-11，栽培种见图3-12。

图3-11　原种

图3-12　栽培种

（3）鸡腿菇枝条种的制作及使用

① 枝条种优点。用枝条种来制作栽培种，具有接种方便、发菌快等优点。下面是枝条种接种和表面常规接种发菌比较图，供参考。

a. 枝条种接种发菌示意图见图3-13、图3-14，枝条种接种发菌实例图见图3-15～图3-18。仔细观察发现，接入枝条种后，菌丝不但在袋内从中间到

图3-13　接入枝条种示意图

图3-14　枝条萌发吃料示意图

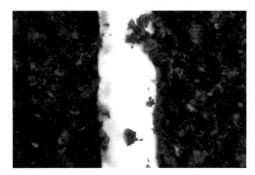

图3-15　接入枝条种

图3-16　枝条种吃料

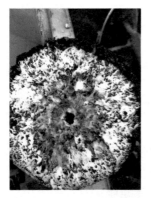

图3-17　袋内菌丝横向生长

图3-18　表面菌丝上下同时生长

两边横向生长，还从菌袋上面和下面同时向中间生长，明显加快了菌袋内菌丝的生长速度。

　　b．表面常规接种发菌实例见图3-19。

　　②鸡腿菇枝条种制作步骤：选择枝条→枝条浸泡→辅料制作→装料、装袋→灭菌→接菌→培养。

　　a．选择枝条。杨木、柳木等都可以制作枝条菌种，枝条一般长度12 ~

图3-19　菌丝从上到下生长实例

15cm、宽0.5 ~ 0.7cm、厚0.5 ~ 0.7cm（图3-20）。

　　b．枝条浸泡。将枝条浸泡在pH为10的石灰水中（图3-21），用重物压实。一般24h后检查枝条是否泡透，低温季节浸泡时间必须延长至36h。

图3-20　枝条

图3-21　石灰水浸泡

　　c．制作辅料，将枝条和辅料拌匀。辅料配比为木屑78％、麸皮20％、石膏1％、石灰1％，拌匀辅料，含水量60％ ~ 65％。装袋前，将枝条和辅料拌匀，辅料添加量以30％为宜（图3-22）。

　　d．装袋。选17cm×33cm×0.005cm聚丙烯塑料袋，每个袋内装枝条约200根（图3-23）。

图3-22　将枝条和辅料拌匀

图3-23　装袋

图3-24　枝条种培养

e. 灭菌。常压灭菌100℃、10h，高压灭菌126℃、2h。

f. 接种。料温降到25℃以下，按无菌操作接种，一只母种可接5袋。

g. 培养。暗光、22～26℃、适度通风、相对湿度40%～50%。枝条透气性好，菌丝生长比常规原种短5～7天（图3-24）。

h. 采用枝条种接种。将菌袋表面用酒精棉球擦拭消毒，去掉菌袋颈圈和表面老菌皮，然后将枝条取出接入菌袋孔内，在袋面撒一层固体菌种封面，盖上盖（图3-25～图3-27）。

图3-25　枝条种

图3-26　去掉菌袋颈圈和表面老菌皮

图3-27　接入枝条

（4）液体菌种生产

① 摇瓶制作要点

a．培养基配方。马铃薯200g、葡萄糖20g、蛋白胨3g、磷酸二氢钾2.0g、硫酸镁1.0g、水1000ml，pH值6.8～7.0。

b．培养条件。摇速180r/min，温度25℃，培养5～7天。

摇瓶液体菌种见图3-28。

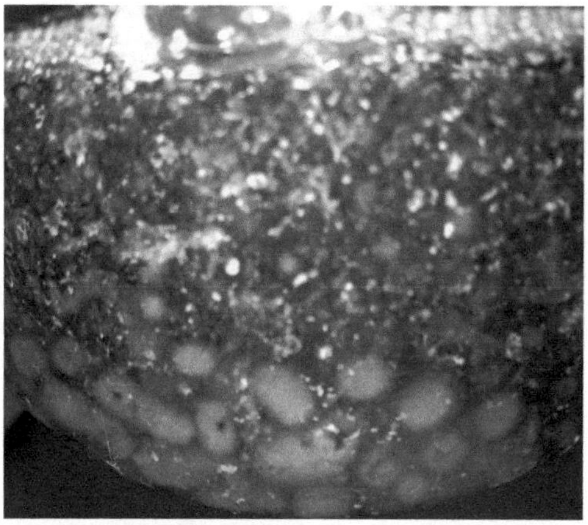

② 发酵罐制作

a．配方。玉米面3%、豆饼粉2%、葡萄糖1%、磷酸二氢钾0.3%、硫酸镁0.15%。

图3-28　摇瓶液体菌种

b．培 养 条 件。温 度25 ℃，pH6.5，培养时间72～90h，罐压0.02～0.04MPa，通气量1：0.8。

③ 接种。在无菌条件下，每个栽培袋接入液体菌种25～30ml，放入培养室在25℃条件下暗光培养。

第三节　鸡腿菇栽培季节、场所、方式和工艺流程

1．栽培季节

鸡腿菇属恒温结实性中温型菇类，秋季和春季均可栽培。北方地区春季栽培，一般在11月～翌年2月制种，4～6月出菇；秋季栽培，一般需6～8月制种，9月下旬～11月下旬出菇。长江以南地区春季栽培在2～5月出菇，秋季栽培在11月～翌年3月出菇。春季栽培宜早不宜迟，防后期气温偏高子实体产量偏低、品质差；秋季栽培宜迟不宜早，防前期温度高杂菌污染。

2．栽培场所

主要有温室、人防工事栽培，也可与玉米、葡萄套种。

3．栽培方式

根据原料处理方式，分为发酵料栽培和熟料栽培。根据栽培场地不同，分为温室栽培和人防工事栽培。

4．工艺流程（以袋栽熟料为例）

备料、备种—拌料、装袋、灭菌—冷却、接种—发菌—覆土—出菇。

第四节　用发酵料、熟料制作出菇菌袋以及发酵料畦栽发菌

鸡腿菇以发酵料和熟料栽培居多，下面分别介绍用发酵料制作出菇菌袋、发酵料直接畦栽，以及用熟料制作出菇菌袋的技术要点。

一、发酵料制作出菇菌袋

工艺流程：选料—配料—发酵—播种—发菌管理。

1．发酵料制作

① 选地。最好紧靠菇房，有水泥地面、避风向阳、水源干净且排水良好，建堆前对场地和工具消毒。

② 选料、配料。常用主料有棉籽壳、玉米芯、菌糠等，常用的辅料有麸皮等，下面配方供参考。

a. 棉子壳41%、玉米芯46%、麸皮10%、石膏粉1%、石灰2%。

b. 玉米芯81%、麸皮15%、石膏粉1%、石灰3%。

c. 菌糠40%、玉米芯40%、麸皮17%、石灰2%、石膏1%。

配料时，高温季节可添加0.1%的原药浓度为50%的多菌灵防治杂菌，石灰与多菌灵应分别添加，以免混合在一起失效。

③ 建堆

a. 建堆时间。确定当地适宜播种期后，再向前推7 ~ 10天，即为建堆时间。

b. 建堆发酵。选择生产配方后，将各原料加水充分拌匀、建堆，含水量65%、pH值9.0 ~ 10.0。堆宽1.5 ~ 2.0m、高0.8 ~ 1.0m、长不限，用直径5cm的木棒在堆上间距0.5m呈"品"字形打孔。当料温65℃维持12h后翻堆，如此翻堆2 ~ 3次即可。发酵好的料质地松软、有弹性、浅褐色、芳香味、料含水量65%、pH值6.5 ~ 7.0。建好的堆见图3-29。

2．利用发酵料制作鸡腿菇菌袋

（1）塑料袋的选择

① 中袋：长40cm、宽20cm、厚度0.002cm的低压聚乙烯塑料袋，用前用塑料绳先系好一头。

② 大袋：长70cm、折口径60cm、厚度0.002cm的低压聚乙烯塑料袋。

（2）菌种处理
盛菌种盆、手套用0.1%高锰酸钾溶液消毒，将菌种在消毒液中浸蘸消毒、剥袋，去掉菌种表面的老菌皮，将菌种掰成1cm见方小块，放入消毒的盆中。

（3）装袋接种

图3-29　建堆

① 装袋接种。料温降到25℃以下接种，装料1.0kg，用种量10% ~ 15%。

a. 中袋接种。三层菌种两层料，两头多，均匀分布，中间少，周边分布，第一、二、三层菌种用种比2：1：2。装袋后两头用绳扎好，在每层菌种和袋两头用细铁丝扎6 ~ 8个小孔，利于通气发菌。如两头用双套环，则不需扎微孔。三层菌种接种示意图见图3-30。

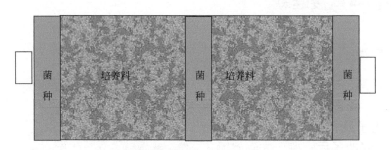

图3-30　三层菌种播法示意图

b. 大袋播种。先装入一半料，在袋内四周边缘接入菌种，再装入另一半料，最后在料面撒一层菌种封面。装料3kg，用种量10% ~ 15%。

② 生产中要明确分工，具体如下。

供料工：调节水分不均匀的料，运料供料。

供种工：检查菌种质量，定量供种。

装袋工：每人一个专用盆盛种，按规定方法装袋。

摆袋工：轻拿轻放，摆放菌袋。

（4）**发菌管理**　发菌期间，应调控环境温度、湿度、光照、通风等条件，一般30～40天发满（图3-31、图3-32）。

① 温度。料温20～24℃为宜，超过28℃时可摆成"#"或"品"字形。

② 湿度。空气相对湿度50%～60%，通常菇棚地面以微微返潮为宜。

③ 光照。暗光培养。

④ 通风。一般每天通风2～3次，每次30min，气温高时早晚通风，气温低时中午通风，保持发菌环境空气清新。

图3-31　中袋发菌　　　　　　　　图3-32　大袋发菌

二、发酵料直接畦栽

1．挖池子

池子可南北走向，一般长5m、宽0.8～1m、深25～30cm，池间距30cm。池子距后墙60cm，距棚前30cm。挖好池子后闷棚，太阳暴晒3天，用水浇灌（图3-33），使其吸足水分。待床面稍干时，一亩菇棚用阿维菌素2kg、50%多菌灵3kg、石灰150kg消毒。

图3-33　灌水

2．播种、发菌

（1）**层播**　两层料，两层种。第一层料厚10cm，在料面四周边缘撒上菌种（菌种如撒在池子中央，缺氧导致生长差），用种量每平方米1.2kg；第二层料厚

10cm，在料的表面均匀撒播一层菌种，用种量每平方米1.8kg，压平料面后用带孔地膜覆盖。盖膜后地毯式喷洒一次0.5%漂白粉溶液，对棚内地面、墙壁以及空间进行均匀喷洒，以防杂菌侵害。层播示意图见图3-34。

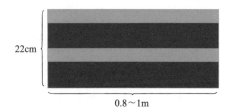

图3-34　层播示意图
蓝色部分是菌种，棕色部分是培养料

播种后随时观察料温（图3-35）。料温20～24℃时，保持空气湿度50%～60%、暗光、适度通风，30～40天可长透培养料；料温超过28℃时，及时打开棚通风口和揭膜通风；如温度仍然升高，用直径1cm的木棒间距20～30cm打孔至料底（图3-36）。

图3-35　测料温

图3-36　打孔

菌丝封面后（图3-37），可搭建小拱棚（图3-38），既利于保湿又便于揭膜通风（图3-39）。

图3-37　菌丝封面

图3-38　盖小拱棚

图3-39　揭膜通风

（2）**穴播**　除层播外，还可穴播，要点如下。

①池内撒石灰消毒后加水增湿（图3-40），铺料20cm厚（图3-41），用打孔工具间距20cm打孔（图3-42、图3-43）。

图3-40　加水增湿

图3-41　铺料

图3-42　打孔

图3-43　打孔后的料面

② 将菌种均匀地撒在料面上（图3-44），用小滚轮把料面压平（图3-45），使菌种和料紧密接触。打孔处多播一些，每平方米用种2.5kg。

图3-44　播种

图3-45　压平

③ 铺地膜，用打孔器在料面打孔。这样做既保湿又透气，利于菌丝生长（图3-46～图3-49）。

图3-46　铺地膜　　　　图3-47　铺地膜后的料面

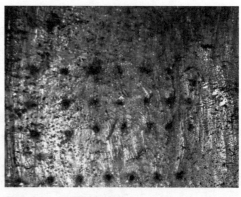

图3-48　地膜上打孔　　　　图3-49　打孔后的地膜

3．覆土、出菇管理

参照本章第五节鸡腿菇栽培管理中覆土后管理、出菇期管理要点，发酵料池栽出菇见图3-50。

图3-50　发酵料池栽出菇

三、熟料栽培菌袋制作

1．工艺流程

培养料选择—培养料配制—装袋—灭菌—接种—发菌管理。

2．装袋、灭菌

进行场地选择、原料选择，将原料按配方拌好后即可装袋、灭菌。装袋用的袋子可选择不同的规格，如17cm×33cm×0.005cm、20cm×40cm×0.005cm，下面介绍采用17cm×33cm×0.005cm袋子的装袋和灭菌方法。

（1）**装袋**　目前基本采用机械装袋，每台装袋机每小时可装800袋。菌袋装料高20cm，重约1.1kg。装培料时装袋机在菌包袋的中间留孔，装袋后套上套环，用无棉盖体封口后装筐（图3-51）。

也可用免颈圈菌棒制菌法。装袋机在菌包袋中间留孔，将菌包培养料上面的塑料袋塞入菌包中间的孔中，然后将周转棒插入孔中（图3-52）。

（2）**灭菌、冷却**　灭菌前将封口塞（图3-53）装好，用翻筐机将菌袋倒置（菌袋口向下，可防止灭菌过程中水进入袋内）。将菌装放入灭菌锅内，高压灭菌在0.15MPa压力下保持2h（图3-54），常压蒸汽灭菌在100℃条件下保持10h。将经过灭菌的菌包搬运入冷却室、接菌室，当袋内温度在30℃以下时可接种（图3-55）。

图3-51　装筐

图3-52　插入周转棒

图3-53　封口塞

图3-54　高压灭菌

图3-55　测袋内料温

3．接种

7cm×33cm袋一头接种，20cm×40cm袋两头或三点接种。

（1）17cm×33cm袋一头接种

① 接固体菌种。无菌条件下，按无菌操作方法，打开封口盖或将袋内接种

棒抽出，接种后盖上封口盖或用封口塞封口，750ml瓶装菌种可接20袋。

　　② 接液体菌种。无菌条件下，按无菌操作方法，每袋接25 ~ 30ml。接种后整筐栽培袋从流水线运至培养室。

　　（2）20cm×40cm袋两头接种　袋两头接种，750ml瓶装菌种可接10袋。

　　（3）20cm×40cm袋三点接种　采用接种香菇的方法，在一侧打3个直径1.5cm、深2cm的接种穴，将菌种塞入接种穴后用食用菌专用透气封口纸封口。三点接种示意图见图3-56。

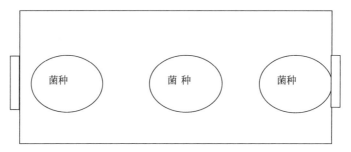

图3-56　三点接种示意图

4．菌袋培养

　　养菌室通风口应安装高效过滤网和防虫防老鼠装置，菌种进袋前要严格消毒。保持室温20 ~ 22℃，空气相对湿度40% ~ 50%、适度通风、暗光，一般30 ~ 40天可长满。此阶段要"勤观察、勤管理"，观察料温避免菌袋"烧菌"，挑杂菌（特别要注意挑出被链孢霉感染的菌袋）防止传染。菌丝发满菌袋后，降温继续培养7 ~ 10天，让菌丝充分后熟（图3-57 ~图3-61）。

图3-57　两头接种养菌

图3-58　一头接种养菌

图3-59　三点接种养菌

图3-60　液体菌种接种养菌

图3-61　枝条菌种接种养菌

第五节　鸡腿菇栽培管理

温室栽培、玉米套种鸡腿菇、葡萄套种鸡腿菇的具体操作要点如下。

一、温室栽培

菌丝长满菌袋（床）后再过几天进入后熟期，即可进行覆土。因鸡腿菇菌丝体抗老化能力强，可较长时间存放，故可根据栽培及市场需求来决定脱袋及覆土时间。覆土的选择、制备及方法参照双孢菇，具体操作如下。

1. 修建畦床

在出菇场修建深20cm、宽80～100cm的畦床，畦间距30cm，长因棚而异。畦床做好后用500倍除虫菊酯喷洒菌床，预防地下害虫，数小时后在畦底和畦埂上撒一层石灰粉。有的种植户在畦床上每间隔5m做1个畦埂（图3-62），充分利用鸡腿菇的出菇边缘效应（在畦床边缘出菇多些），增加产量。

图3-62　畦埂（梁晓生　提供）

2. 脱袋覆土

覆土是一项极为重要的工作，具体方法如下。

（1）**备土**　将田园土暴晒2天后，加入5%的稻壳、2%的石灰和1%的过磷酸钙，并喷水使土壤含水量达到20%，即土壤手握成团、落地即散、手掰土粒不见白。

（2）**运袋**　运输过程中要防止高温烧菌，一般选择冷凉天气，运输速度要快，有条件的可用空调车运输。到栽培场地后及时卸车，严禁大堆堆放。

（3）**脱袋覆土**　将成熟菌袋脱袋平卧池中，间距2cm，袋间用土填满。畦面覆土3cm，覆土要均匀平整。覆土过厚，菇形虽大但出菇稀、畸形菇多；覆土薄，出菇密、小菇和开伞菇多、质量差（图3-63～图3-66）。

（4）**覆土注意事项**　注意给工作人员和机械消毒。平整覆土时，要求土层均匀一致，特别是床边和床中间部分。覆土最好一天完成，完成后及时清理、冲洗工具和打扫场地。

（5）**菌床调水**　覆土后根据料面水分情况进行调水，可采用向畦床灌水、喷水方式保持土壤水分充足。调水后挖开一处畦床，观察土壤和菌袋水分情况，如果水分过大，用铁签子在畦床表面扎垂直孔，利于水分渗入地下。调水后如畦床表面缺土，需补土使其达到平整。

图3-63　菌袋入棚（梁晓生　提供）

图3-64　脱袋（梁晓生　提供）

图3-65　平卧池中（梁晓生　提供）

图3-66　覆土（梁晓生　提供）

3．覆土后管理

覆土后保持土壤湿润、光线阴暗、空气新鲜、气温22～26℃；保持棚内空气湿度80％以上，不可使土层表面发白干燥，否则影响菌丝爬土。在此条件下，菌丝向土层中生长，15～20天覆土层鸡腿菇菌丝大量生长，即可加大棚内湿度至85％～90％，并同时加大通风，将菇棚温度保持在16～22℃。当温度降至9～20℃时，土面开始出现线状菌丝（图3-67），随后变为索状菌丝（图3-68），约1周后即有密密一层幼蕾出现，进入出菇期。

4．出菇期管理要点

俗话说"三分种，七分管"，出菇管理尤为重要。在管理上要特别注意水分管理，要掌握"菇蕾（子菇体上）禁喷，空间勤喷；幼菇酌喷，保持湿润；成菇轻喷"的科学用水方法。喷水时注意通风，不喷"关门水"。从现蕾到长至成熟需要6～8天，针对子实体的不同阶段，进行恰当管理。不同阶段的子实体见图3-69。

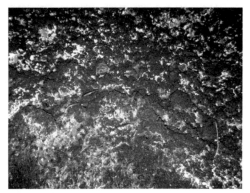

图3-67　线状菌丝

图3-68　索状菌丝

图3-69　不同阶段子实体的形态（从大到小）

（1）**幼蕾期**　幼蕾期是鸡腿菇出菇期对生活条件要求最严格的阶段，要求温度18～22℃、湿度85%～90%、通风适中、保持空气新鲜、光照100～300 lx。幼蕾期尤其须掌握适度通风，千万不可有强风骤然吹进，更不可使棚内温差过大，以免发生幼蕾萎缩死亡（图3-70、图3-71）。

（2）**幼菇期**　较之幼蕾期，该阶段可适当放宽环境条件：温度15～20℃、湿度85%～90%、光照100～300 lx。通风可适当加强，但不能有强风吹进棚内，否则容易引起菇体表面的鳞片明显增多，影响商品外观（图3-72、图3-73）。

（3）**成菇期**　随着子实体的不断生长发育，幼菇对生长条件的要求也逐渐粗放，只需保持棚温在12～18℃、空气湿度85%～95%即可；要求光照100～300 lx，光照过强易使子实体过早产生并翻卷鳞片，且会导致菇体颜色加深。随着菇体的发育，通风应加强，但同样不能有强风吹进棚内，以免菌盖表层产生龟裂形成"花菇"，影响商品质量（图3-74）。

图3-70　幼蕾期1天

图3-71　幼蕾期2天

图3-72　幼菇期3天

图3-73　幼菇期4天

图3-74　成菇期（梁晓生　提供）

二、玉米套种鸡腿菇

玉米套种鸡腿菇，每亩可摆菌袋2000袋，亩产菇600～700kg。该模式中玉米地保湿、透气、遮阳的环境，满足了鸡腿菇的生长需求；鸡腿菇出菇后的废料可以增加土壤有机质的含量，待第二年换垄栽培，为玉米的生长提供营养；玉米在该模式中可充分吸收鸡腿菇释放的二氧化碳，促进玉米的光合作用，使植株生长健壮。现以辽宁地区为例，介绍玉米套种鸡腿菇的技术要点。

① 按照两垄玉米、一畦鸡腿菇的方式进行套种。鸡腿菇畦宽60cm，玉米垄宽40cm，玉米株距15～25cm。

② 选地：选择土质肥沃、地势平坦、有浇水条件、排水良好的玉米田；土质为沙土或壤土，不选黏土地。

③ 玉米播种时间：四月初、五月初。

④ 完成玉米播种后即可开始鸡腿菇菌袋制作、培养。

a. 配料。工厂化金针菇菌糠40%、玉米芯40%、麸子17%、石灰2%、石膏1%，料水比1：1.5。

b. 菌袋制作、培养。采用17cm×33cm袋一头接种，具体方法参考鸡腿菇熟料菌袋制作。

⑤ 菌棒下地出菇。6月初菌包脱袋下地，摆棒时菌棒间距2cm，用土填满间隙后上面覆土3cm，用滴灌浇透地（图3-75）。在菇床外加设拱棚，上盖黑膜遮光、增温、保湿，7～10天土中菌丝发满即可喷水催菇（图3-76）。此时如玉米地白天气温在33℃以下、昼夜温差8℃以上时，白色菇蕾就可以从土中冒出。出菇管理参照温室出菇管理即可。

⑥ 收获。鸡腿菇七月中旬就开始出菇，出菇期持续9～10周，可出2潮菇。采收应及时，采收后用小刀把泥土去掉。当日采菇，当日上市。未销售完的菇要在3～4℃条件下贮存。采收的鸡腿菇见图3-77。

图3-75　滴灌（燕丙晨　提供）

图3-76　搭建小拱棚（燕丙晨　提供）

图3-77　采收的鸡腿菇

三、温室、露地葡萄套种鸡腿菇技术

1．温室葡萄套种鸡腿菇技术

辽宁盖州市陈屯镇枣峪村俊达农场在萄架下种鸡腿菇，既解决了菇渣乱丢影响环境的问题，又找到了一条额外增加葡萄大棚收入的新路子，现将技术要点列举如下（图3-78）。

（1）**套种时间安排**　温室葡萄套种鸡腿菇可在3～5月或9～10月采用覆土畦栽方式栽培。

（2）**鸡腿菇菌袋制作**　采用17cm×33cm袋一头接种，具体方法参考鸡腿菇熟料菌袋制作。将培养好的菌袋运输到栽培基地（图3-79），准备覆土栽培。

图3-78　温室葡萄套种鸡腿菇（杨俊达　提供）　图3-79　准备栽培的菌袋（杨俊达　提供）

（3）**整地起畦**　畦床走向要与葡萄架一致，两架葡萄间设置两个畦床（图3-80），畦间距0.4m，畦宽0.8m，畦深30cm，畦长根据葡萄栽培而定，畦边距葡萄根部0.3m。

（4）**脱袋覆土**　摆袋前在畦内撒一层生石灰粉，灌水浇透畦面。待畦面土不粘鞋时，将脱袋菌棒间距2cm横卧畦内（图3-81、图3-82），覆土3cm（图3-83）。覆土后保持土壤湿润、光线阴暗、空气新鲜、气温22～26℃、空气湿度约50%。

（5）**搭建拱棚**　在畦面上方用竹片搭建40～50cm高的小拱棚，盖上地膜，并用土将地膜四周间距0.5m压好，以遮光、保湿、提高地温（图3-84）。

图3-80　挖畦（杨俊达　提供）

图3-81　脱袋（崔颂英　提供）

图3-82　放菌袋（杨俊达　提供）

图3-83　覆土（杨俊达　提供）

图3-84　搭建拱棚（杨俊达　提供）

（6）**出菇管理**　经过15天左右，覆土表面出现大量菌丝，可用喷水带结合灌水（图3-85）来增湿（土壤湿度达到22%～25%，棚内湿度达到

85% ~ 90%），并加大通风，棚温保持在16 ~ 22℃。一般7 ~ 10天大量幼菇（图3-86）出现，进入出菇期。

图3-85 喷水增湿（杨俊达 提供）

图3-86 幼菇（杨俊达 提供）

出菇期间，满架葡萄的散射光可满足子实体对光的需求，对于葡萄未完全满架的需在小拱棚上悬挂一层遮阳网遮光。通风要适度，防止风直吹菇床而影响出菇质量。成菇采收见图3-87 ~ 图3-90。

图3-87 成菇（杨俊达 提供）

图3-88 采收（杨俊达 提供）

图3-89 葡萄园内的成菇

图3-90 采收的鸡腿菇（杨俊达 提供）

2. 露地棚架葡萄套种鸡腿菇技术

大田露地棚架栽培葡萄出于栽培管理的需求，葡萄架下一般有宽4m左右的空闲地，为鸡腿菇的生长创造了适宜的生长条件。适当采取必要的措施，就可以实现在葡萄架下套种鸡腿菇，获得理想的经济效益。现以辽宁南部地区为例介绍露地棚架葡萄套种鸡腿菇技术。

① 套种时间安排。人们通常把葡萄年周期活动分为休眠期、树液流动期、萌芽和新梢生长期、开花坐果期、浆果生长期、浆果成熟期六个候期。露地葡萄套种鸡腿菇的栽培技术，以葡萄生产为主，以鸡腿菇生产为辅。因此葡萄生产工艺按照常规操作进行，鸡腿菇栽培也按照常规进行，只是要将套种的管理及葡萄的生产管理有机衔接，并采取必要的保温、保湿、光照、通风等措施，保证葡萄正常生产、鸡腿菇套种合理适时。一般采取3月份生产栽培袋、4月脱袋覆土、5月开始出菇，具体生产环节参照表3-1。

表3-1　露地棚架葡萄套种鸡腿菇生产环节安排

生产时间	葡萄生产	鸡腿菇生产
11月～翌年3月	休眠期	整地做畦
4月	撤土上架	脱袋覆土、搭建拱棚、灌水覆膜
4月末	浇水施肥、菌肥回田	发菌管理
5月	萌芽、新梢生长	二次覆土
6～7月	开花坐果	出菇管理、采收加工
8～9月	浆果生长	
10月	浆果成熟	
11月	新梢成熟、落叶	后期管理、菌肥制作

② 鸡腿菇菌袋制作、培养参照温室葡萄套种鸡腿菇。

③ 整地起畦参照温室葡萄套种鸡腿菇。需要强调的是，为了防止出菇期间雨量充沛造成畦床被淹，一般采取制作高畦的措施，畦高一般20cm。

④ 脱袋覆土、搭建拱棚、出菇管理参照温室葡萄套种鸡腿菇。

（崔颂英　提供）

第六节　鸡腿菇采收、保鲜、贮藏

1. 采收

当鸡腿菇菇体结实、菌盖有少许鳞片并紧包菌柄，菌环刚松动、七八分熟时采收（图3-91）。若采收晚，菌肉变黑（图3-92），菌盖菌柄分离（图3-93），菌盖呈伞状（图3-94），严重的子实体变为墨汁状（图3-95、图3-96）。采收前不喷水，以免影响保鲜期。采收时手持菌柄下部，轻轻旋转拔起。菌床上缺土处及时补土，并清除病菇、菇根。采菇后，停水3～5天，通风增氧让菌丝休养生息，待菌丝恢复生长时再喷水催蕾，开始2潮菇管理，出菇方法参照头潮菇。一般可采2～3潮菇，每潮菇间隔15～25天。

图3-91　适时采收

图3-92　采收晚（左）、正常采收（右）

图3-93　菌盖菌柄分离

图3-94　菌盖呈伞状

图3-95　子实体墨汁状

图3-96　滤液

图3-97　鲜菇放入筐内

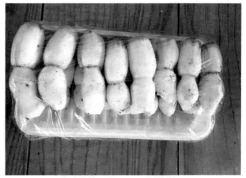

图3-98　鲜菇装在塑料托盘上

2．保鲜和贮藏

采收的鲜菇经清理菇脚泥土、杂物后放入框内（图3-97），按要求分级、整理后鲜销、冷藏或加工。如到超市鲜销，鲜菇按一定重量（一般500g）装在塑料托盘上用保鲜膜封好销售（图3-98）。可放入3～4℃冷藏室贮存。此外，鸡腿菇还可切片烘干，加工成盐渍鸡腿菇或鸡腿菇罐头。

第七节　鸡腿菇栽培中的常见问题和处理措施

一、菌丝徒长形成菌被

1．主要原因

高温高湿造成菌丝徒长。

2.解决方法

轻微冒菌丝时，适当加强通风即可。当菌丝长出床面时，加强通风，使床土表面适度干燥，促进菌丝向生殖生长转换。若菌被已经形成，可用耙子划破，覆盖一薄层新土。

二、料面感染链孢霉

1.主要原因

高温高湿、通风不良导致料面产生大量粉红色链孢霉孢子（图3-99）。

2.解决方法

加强通风、降低湿度，避免高温高湿。将感染严重的料面清除，并在剩余料面上撒石灰粉消毒，防止进一步扩散。

图3-99　链孢霉

三、头潮菇太密

1.发生情况及主要原因

头潮菇多、个体小，甚至成丛的菇将覆土掀起，造成大批小菇脱离料面而死，难出2潮菇，这是菌棒过密、料层过厚所致。

2.防治方法

将菌棒间距拉大2cm，菌棒间隙用土填实。

四、床面出菇极少而四周出菇

1.主要原因

床中间覆土厚、土干，四周土层薄、潮湿，所以床面出菇极少而四周出菇（图3-100、图3-101）。

图3-100　四周出菇

图3-101　砖缝出菇

2. 解决方法

避免床面中间覆土过厚，土层湿度保持均匀一致。

五、鸡爪菌

1. 发生情况

鸡爪菌形似鸡爪，子实体黄褐色至褐色，高温、高湿时易发生，多在2潮菇以后出现（图3-102、图3-103）。该病菌不但占据鸡腿菇"地盘"，而且分泌毒素抑制鸡腿菇菌丝生长，危害较重，严重时可造成"颗粒无收"（图3-104、图3-105）。

图3-102　鸡爪菌整体形态1

图3-103　鸡爪菌整体形态2

图3-104　鸡爪菌危害症状1

图3-105　鸡爪菌危害症状2

2．防治方法

① 原材料必须新鲜、干燥、无霉变。培养料灭菌要彻底，常压灭菌时，温度要达到100℃，并保持10h以上。

② 在培养过鸡腿菇的培养室内发菌时，须对培养室进行清洗、消毒处理。先在地面上覆盖塑料薄膜，再排放菌袋进行发菌。

③ 使用优质纯菌种，脱袋覆土栽培时，要仔细检查袋内菌丝生长状况。将有菌丝体呈索状、变黄，可能感染了鸡爪菌的菌袋单独栽培，防止扩散传染。

④ 选用覆土要慎重，必要时对覆土进行消毒处理。

⑤ 一旦发现鸡爪菌，要及时挖除移至菇棚外，集中烧毁或深埋40cm地下，不可乱弃，并对染病处土壤喷洒5%甲醛。

⑥ 在气温较高时，可采取不脱袋，即在袋口内覆土栽培，这样可防止鸡爪菌传染。

六、褐斑病

1．发生情况

褐斑病主要危害子实体表面组织，不会深入菌肉内，发病时子实体菌盖或菌柄上出现褐色的病斑，病斑随着病情发展逐渐扩大，最后整个子实体变为褐色（图3-106）。覆土层和环

图3-106　褐斑病

境的湿度过大及出菇期间喷水不当易诱发此病，夏季反季节栽培时易发生。

2．防治方法

出菇期覆土的含水量不宜过高，以土壤不黏手、表层土露白为宜；出菇期尽量避免向幼菇上喷水；环境湿度大时，应加强通风降湿；发现病菇后及时清除，并带出菇房做无公害处理。

七、鳞片菇

1．发生情况

菌盖表面鳞片多，主要由光照过强、湿度偏低引起（图3-107）。

2．防治方法

出菇期间应做好遮光管理，使其处在散射光下生长，避免强光照。相对湿度在80%～85%之间，低于80%时要及时向空间和地面喷雾化水增湿。

图3-107　鳞片菇

八、地碗菌

1．发生情况

地碗菌俗称"假木耳"，属子囊菌，典型表现是覆土层上及菇畦周边长满一层如木耳的碗状肥嫩子实体（图3-108），使鸡腿菇发生数量减少，影响产菇量。发病的主要原因是菇棚内本身就有病原菌，或覆土材料带入病原孢子，基料带菌播种也是主要原因之一。

图3-108　地碗菌

2．防治方法

将地碗菌的子实体摘除并及时清理出棚，将发病区如同处理鸡爪菌的方法挖除后，撒施石灰粉覆盖，补填覆土。

九、黑头病

1. 发生情况

菌盖上出现黑色病斑，黑头病由细菌引起，危害较重。染病子实体初为褐色，后菌盖变黑腐烂，最终只残留菌柄（图3-109）。高温高湿、菌盖顶部积水、通风不良时易诱发此病，主要通过土壤和空气传播。

2. 防治方法

加强通风换气，空气湿度及覆土含水量要稍低；发现病菇要及时摘除，病菇处料面用石灰粉覆盖，以防传染。

图3-109　黑头病

十、红头菇

1. 发生情况

菌盖鳞片呈铁锈色，不深入菌肉，不影响生长发育。这是由床料和空气湿度大、光照过强造成的。

2. 解决方法

在子实体出土后喷水必须结合通风，不喷"关门水"，一定保持菇体表面无积水，并保持适宜的散射光照。

十一、鬼伞

1. 发生情况

鬼伞是灰黑色小型伞菌，高温、高湿环境极易发生，影响鸡腿菇产量。发菌期产生鬼伞见图3-110，出菇期产生鬼伞见图3-111。

图3-110　发菌期产生鬼伞　　　　　图3-111　出菇期产生鬼伞

2. 解决方法

将料暴晒，发酵要彻底，发现鬼伞要及时摘除并带出掩埋，采菇后可喷洒1%～2%的石灰水。

十二、子实体细长

1. 发生情况

温度高，导致菌柄生长快，菌盖小而薄、易开伞（图3-112）。

图3-112　小子实体细长

2. 解决方法

将温度保持在15～18℃，子实体生长慢、个大结实、品质好。

第四章
大球盖菇栽培

第一节　大球盖菇概述

　　大球盖菇（*Stropharia rugosoannulata*），又名皱环球盖菇、皱球盖菇、酒红球盖菇，是国际菇类交易市场上的十大菇类之一，也是联合国粮农组织（FAO）向发展中国家推荐栽培的蕈菌之一。它营养丰富、色泽艳丽、腿粗盖肥，不论是爆炒、煎炸，还是煲汤、涮锅都色鲜味美、很受欢迎。1922年美国首先发现并报道了大球盖菇，1969年东德进行人工驯化栽培，1970年发展到波兰、匈牙利等地区栽培，1980年上海市农业科学院食用菌研究所派人赴波兰考察引种试栽成功，1990年福建三明市真菌研究所栽培推广，2010年之后全国推广面积逐年扩大。多年来的推广表明，大球盖菇具有非常广阔的发展前景。首先，栽培技术简便粗放，可生料、发酵料栽培，也可设施、露地栽培、和林下栽培。第二，栽培原料广泛，特别是一种能"吃秸秆"的草腐菌，"胃口"很大，每平方米需秸秆25～30kg，减少大量秸秆焚烧造成的污染。同时菌糠可直接回田，提高地肥力，改良土壤。第三，适应温度范围广，菌丝范围为4～30℃，出菇范围为12～25℃，抗杂能力强。第四，产量高，生产成本低，营养丰富，产品投放市场，容易被广大消费者所接受。

一、形态特征

　　大球盖菇由菌丝体和子实体两种基本形态组成。菌丝初期纤细，后变为粗壮、浓密，白色。子实体单生、丛生或群生，中等至较大，单个菇团可达数千克重。菌盖近半球形，后扁平，直径5～45cm。菌盖肉质，湿润时表面稍有黏性。幼嫩子实体初为白色，成熟后变成红褐色至葡萄酒红褐色。菌褶直生，排列密集，初为污白色，后变成灰白色，随菌盖平展，逐渐变成褐色或紫黑色。菌柄近圆柱形，靠近基部稍膨大，柄长5～20cm，柄粗0.5～4cm。菌柄早期中实有髓，成熟后逐渐中空。孢子光滑，棕褐色，椭圆形（图4-1）。

图4-1　形态特征（倪淑君　提供）

二、生长发育条件

1．营养条件

营养物质是大球盖菇生命活动的物质基础，也是获得高产的根本保证。大球盖菇对营养的要求以碳水化合物和含氮物质为主。碳源有葡萄糖、蔗糖、纤维素、木质素等，氮源有氨基酸、蛋白胨等。此外，还需要微量的无机盐类。实际栽培结果表明，稻草、麦秆、木屑等可作为培养料，能满足大球盖菇生长所需要的碳源。栽培其他蘑菇所采用的粪草料以及棉籽壳反而不是很适合作为大球盖菇的培养基。麸皮、米糠可作为大球盖菇氮素营养来源，不仅补充了氮素营养和维生素，也是早期辅助的碳素营养源。

2．环境条件

（1）温度

① 菌丝生长阶段。大球盖菇菌丝生长温度范围是5～36℃，最适生长温度是24～26℃。在10℃以下和32℃以上生长速度迅速下降；超过36℃，菌丝停止生长，高温延续时间长会造成菌丝死亡；在低温下，菌丝生长缓慢，但不影响其生活力；当温度升高至32℃以上36℃以下时，虽还不至造成菌丝死亡，但当温度恢复到适宜温度范围时，菌丝的生长速度已明显减弱。在实际栽培中若发生此种情况，将影响草堆的发菌，并影响产量。

② 子实体生长阶段。大球盖菇菇蕾形成温度12～20℃。子实体发育和生长温度12～25℃。在此温度范围内，温度升高，子实体的生长速度增快、朵形较小、易开伞；而在较低的温度下，子实体发育缓慢、朵形常较大、柄粗且肥、质优、不易开伞。子实体在生长过程中，遇到霜雪天气，只要采取一定的防冻措施，菇蕾就能存活。当气温超过30℃时，子实体原基即难以形成。

（2）水分　

水分是大球盖菇菌丝及子实体生长不可缺少的因子。基质中含水量的高低与菌丝的生长及长菇量有直接的关系，菌丝在基质含水量65%～70%的情况下能正常生长。培养料中含水量过高，菌丝生长不良，表现稀、细弱，甚至还会使原来生长的菌丝萎缩。在实际栽培中，常可发现菌床被雨淋后，基质中含水量过高而严重影响发菌，虽然出菇，但产量不高。子实体发生阶段一般要求环境相对湿度在85%～95%。菌丝从营养生长阶段转入生殖生长阶段必须提高空间的相对湿度，方可刺激出菇，否则菌丝虽生长健壮，但空间湿度低，出菇也不理想。

（3）光线　

大球盖菇菌丝的生长可以完全不要光线，但散射光对子实体的形成有促进作用。在实际栽培中，栽培场选半遮阳的环境，栽培效果更佳。主要表现在两个方面：其一是产量高；其二是菇的色泽艳丽、菇体健壮，这可能是因为太阳照射提高地温，并通过水的蒸发促进基质中的空气交换以满足菌丝和子实体对营养、温度、空气、水分等的要求。但是，较长时间的太阳光直射，造成空气湿度降低，会使正在迅速生长而接近采收期的菇柄龟裂，影响商品的外观。

（4）**空气**　在菌丝生长阶段，大球盖菇对通气要求低，空气中的二氧化碳浓度可达0.5%～1%；而在子实体生长发育阶段，要求空间的二氧化碳浓度低于0.15%，特别在子实体大量发生时，更应注意场地通风，保证场地空气新鲜。

（5）**pH值**　大球盖菇在pH值4.5～9.0均能生长，但以pH值为5.0～7.0的微酸性环境较适宜。在pH值较高的培养基中，前期菌丝生长缓慢，但在菌丝新陈代谢的过程中，会产生有机酸，而使培养基中的pH值下降。

（6）**土壤**　大球盖菇菌丝营养生长阶段，大球盖菇在没有土壤的环境能正常生长，但覆土可以促进子实体的形成。不覆土，虽也能出菇，但时间明显延长，这和覆盖层中的微生物有关。覆盖的土壤要求含有腐殖质，质地松软，具有较高的持水率。覆土以园林中的土壤为宜，切忌用砂质土和黏土。土壤的pH值以5.7～6.0为好。

三、生活史

　　大球盖菇的生活史就是大球盖菇从孢子发育成初生菌丝，然后生长为次生菌丝体，再发育为子实体，子实体再弹射出孢子的生活循环过程（图4-2）。

母种　　　　　　　　　原种　　　　　　　　　栽培种

成菇期　　　　　　　　幼菇期　　　　　　　　栽培料

图4-2　大球盖菇生活史

第二节　大球盖菇栽培季节和栽培方式

一、栽培季节

　　栽培季节应该根据大球盖菇特有的生活习性和不同地区的当地气候环境条件及栽培场所环境条件而灵活确定。正常气温下，春栽气温回升到8℃以上，秋栽气温降至30℃以下播种。在我国北方地区，如用温室栽培，除短暂的严冬和酷暑外，几乎常年可安排播种。北方地区室外栽培，春季地面解冻时至3月初可铺料播种，在4～7月份出菇；秋季栽培可以在9月份至上冻之前进行铺料播种，11月中旬起开始出菇，在12月份或第二年春季结束。在我国南方地区，一般春季2月初接种，4月末开始采收；秋季9月中旬接种，11月初开始采收。

　　根据多年栽培经验，早春栽培效果不如秋季栽培。早春栽培，发菌温度低，发菌周期长，出一潮菇后就临近高温，容易导致栽培失败。北方温室建议推广"早秋播种，秋冬出菇"模式，摒弃"秋季播种，春季出菇"模式，可在9月开始投料播种，11月开始出菇，元旦起开始大量出菇，春节前后为出菇高峰期。因秋冬季节温度偏低条件下产出的鲜品，实心率高、耐贮存，所以市场价格高、效益好。但也不要投料播种过早，温室内温度高，容易造成热害伤菌。

二、栽培方式

　　主要有温室栽培、冷棚栽培、露地栽培、林下栽培，还可以与葡萄、玉米等间作套种。各地还可以根据本地特点，合理利用栽培设施。如山东利用光伏设施大棚（图4-3），棚顶上架着成片的光伏太阳能电池板，棚上发电、棚内种植大球盖菇、棚中休闲观光，多元利用有限的土地资源。黑龙江地区水稻育苗棚一般每年的3月到6月初培育水稻，完成育苗任务后，利用部分育苗大棚种植大球盖菇，取得了很好的效果。

图4-3　光伏设施大棚（聂阳　提供）

1. 温室、冷棚栽培

温室栽培是目前较好的栽培方式，便于控制温度和湿度，适宜出菇的时间较长，产量高，优质菇多，经济效益好，便于管理，温室可以多次使用。缺点是一次性投资建设冬暖大棚的投入大（图4-4）。

图4-4　日光温室

温室地栽一般采用稻壳等为培养料，含水量60%，投干料15 ~ 20kg/m^2，播种量0.6kg/m^2，采取混播方式。播种后覆土3cm，土层上覆盖湿稻草保湿发菌，45天后出菇。产量约为5kg/m^2，亩产3000 ~ 3500kg，销售价格为10元/kg，亩产值大致在35000元，利润25000元，经济效益显著。

若采取床架栽培，床面宽60 ~ 70cm，层距55 ~ 60cm，高3 ~ 4层，底层离地面15 ~ 20cm，架与架之间留走道60cm（图4-5，图4-6）。

图4-5　床架　　　　　　　　　　　图4-6　发菌

冷棚投入比温室小，场地灵活，管理简便。缺点是难以抵御雨雪等恶劣气候，越冬易发生冻害（图4-7 ~图4-10）。

图4-7　铺料（聂阳　提供）

图4-8　将菌种摆放在料面（聂阳　提供）

图4-9　播种（聂阳　提供）

图4-10　覆盖稻草（倪淑君　提供）

2. 露地栽培

露地栽培因为不需要特殊设备，制作简便，且易管理，栽培成本低，经济效益好。早春土壤化冻后，选取靠近水源的平地，做好畦床，畦床宽60～70cm，平整好后如果土壤含水量低于20%，需要灌水。把培养料拌至含水量60%，投干料15～20kg/m²，混接菌种0.6kg/m²，再覆土3cm，土层上覆盖湿稻草保湿发菌，一般45～55天出菇。产量约为5kg/m²，亩产3000kg左右。

图4-11　单季稻冬闲田露地栽培

（1）**单季稻冬闲田露地栽培**　单季稻冬闲田露地栽培，能够充分利用水稻秆、改善土壤，一举多得（图4-11）。

（2）**露地平棚栽培**　在露地搭建平棚（顶部一层遮阳网），创造半遮光的生态环境，投入低，场地灵活，换地容易，不重茬，易管理（图4-12～图4-16）。

（3）**简易"人"字棚栽培**　在露地搭建简易"人"字棚（图4-17），上部加草帘创造半遮光、保湿、保温的环境。

图4-12　搭建平棚

图4-13　铺料播种

图4-14　盖稻草（倪淑君　提供）

图4-15　出菇

图4-16　采收

图4-17　简易"人"字棚

3．林下栽培（图4-18）

早春土壤化冻后，在林地挖深50～60cm的畦床，长度适当，然后把木屑等培养料拌至含水量60%，投干料15～20kg/m²，混接菌种0.6kg/m²，再覆土3cm。一般随季节出菇，可出菇2季。按照每亩林地利用率50%计算，每666.7m²产量2000～2500kg。

图4-18　林下栽培（倪淑君　提供）

4．玉米间作套种大球盖菇

采用玉米与大球盖菇间作套种的模式，即每隔两垄玉米种植1畦大球盖菇。畦床宽60～80cm，用料（干料）量为15～20kg/m²，厚度为20cm，穴播菌种0.7～1.0kg/m²，覆土3cm后盖上稻草（图4-19），平均产量6～7kg/m²。在北方地区一般5月播种，6月中下旬至8月中下旬出菇（图4-20）。

图4-19　盖稻草（倪淑君 提供）

图4-20　出菇

5．葡萄间作套种大球盖菇

大球盖菇栽培技术简便粗放、抗逆性强，可在葡萄园内与葡萄间作套种栽培。葡萄园行间距一般在4m，在其中挖宽1.5m、深20cm的畦，畦两侧留出排水沟。把培养料拌至含水量60%，畦中投干料15～20kg/m²，混接菌种0.6kg/m²，再覆土3cm。一般3月份栽培，5月开始出菇，平均产量6～7kg/m²。可在畦面上覆盖树叶、稻草，用竹片搭建60～80cm高的小拱棚，上盖遮阳网遮阳，利于出菇管理（图4-21）。

图4-21　葡萄间作套种大球盖菇

6．大球盖菇工厂化栽培

大球盖菇栽培技术简单粗放，栽培原料广泛，成功率高，效益好。但是目前仍然以传统作业模式为主，受自然环境影响大。因此利用室内、闲置车间，实现工厂化生产是一种值得探讨的方式。

第三节　大球盖菇菌种的选择和制作

一、菌种的选择和优质菌种的标准

1．菌种的选择

图4-22　黑农球盖菇1号（倪淑君　提供）

大球盖菇品种较多，现有主要大球盖菇菌种：大球盖菇1号，国品认菌2008049，四川省农业科学院土壤肥料研究所；明大128，国品认菌2008050，福建三明真菌研究所；球盖菇5号，国品认菌2008051，上海市农业科学院食用菌研究所；黑农球盖菇1号（图4-22），黑龙江省农业科学院畜牧研究所；山农球盖3号，山东农业大学。

各地可根据生产实际，选择有资

质、信誉好的厂家订购菌种。引进后要通过小面积试种后，再进行大面积生产。避免盲目引进新品种，一次性投入过高可能产生的经济损失。菌种要提前进行联系准备采购，不要等到需要菌种的时候，四处打电话采购菌种，这样买到的菌种菌龄和质量很难有保障，而且不一定有货。提倡提前定做菌种，定做的菌种价格偏低、菌龄较短、质量有保障。

2．优质菌种的标准

（1）**母种**　菌丝洁白、浓密、粗壮、生长整齐、无色素分泌。在25℃条件下，7～10天长满斜面。

（2）**原种及栽培种**　菌丝浓密、洁白、粗壮、生长边缘整齐有力。在25℃条件下培养，一般40天可以长满斜面。

3．菌种运输

① 菌种在早秋栽培时，若采用长途运输，提倡用塑料筐，避免使用编织袋发货。若用编织袋发货（图4-23），很容易发生因挤压严重而挫伤菌丝（图4-24），并易发生高温烧菌。因此提倡用塑料筐发货，透气好不挤压。

图4-23　使用编织袋发货（聂阳　提供）　　图4-24　挫伤菌丝（聂阳　提供）

② 气温不高、运输距离短时，可采用高栏车运输，但要用篷布遮阳、避免阳光直射，两侧可不用布遮，以利于通风。

③ 运输距离远时尽量选用冷藏车，高温季节必须采用冷藏车发货。冷藏车须从始至终制冷，不可中途暂停制冷，否则保存一段时间后，易出现杂菌。

解决方案：a. 签订托运协议。b. 随时视频监测冷藏车内的温度。c. 菌种装车时，可在不同位置放置留点温度计。

④ 在菌种运输过程中，为了防止高温烧菌，去掉盖子。这样的菌种到种植基地要及时使用，否则时间长容易失水降低活力，感染杂菌。

二、菌种的分离与制作

1. 菌种分离

　　大球盖菇菌种分离可采用组织分离法和孢子分离法，下面介绍组织分离法。选取新鲜、健壮、八九分成熟的子实体（图4-25），切去菇体基部杂质，先用75％的酒精棉球进行表面消毒，再用无菌水冲洗2～3次，并用无菌纱布擦干后用手术刀把种菇纵剖为两半（图4-26）。

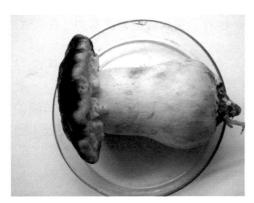

图4-25　选取种菇

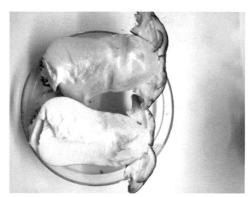

图4-26　切成两半

　　在菌盖和菌柄连接处用手术刀切成5mm^{2}的组织块（图4-27），接于培养皿培养基上（图4-28），盖好平皿，置于25℃的恒温培养箱中暗光培养。

图4-27　取组织块

图4-28　放在平皿中

　　待菌落长到2cm（图4-29）时取组织块，选取菌丝洁白、细密、沿培养基平行生长的菌落，挑取菌落尖端的菌丝于试管PDA斜面上对菌种进行纯化培养。选择生长速度快、菌丝健壮的菌株为第一代母种（图4-30）。

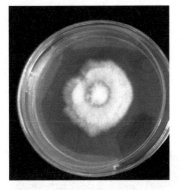

图4-29　菌落长到2cm

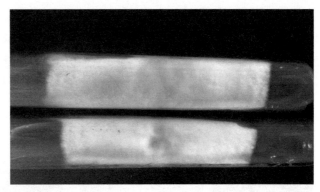

图4-30　母种

2. 菌种的制作

（1）母种的制作

① 配方

马铃薯200g、葡萄糖20g、蛋白胨3g、琼脂18～20g、磷酸二氢钾3g、硫酸镁1.5g、水1000ml，pH6.5～7.0。

② 避光培养

按常规制备、灭菌、接种后，在恒温箱中25℃避光培养10～12天。

③ 菌种保藏

将培养好后的菌种用纸包扎后放置在4℃的冰箱中保藏。

（2）原种、栽培种的制作

① 配方

a. 稻壳、麦粒培养基：稻壳41%、麦粒40%、麸皮18%、碳酸钙1%。

b. 稻壳、木屑培养基：稻壳59%、木屑30%、麦麸10%、碳酸钙1%。

② 菌种瓶、袋的选择

原种常用750ml的标准菌种瓶，栽培种一般选用长15cm、宽30cm、厚0.004cm的聚丙烯袋。

③ 拌料、装瓶（袋）、灭菌、冷却

a. 拌料：按常规方法将料水混拌均匀。

b. 装瓶（袋）：按常规方法装瓶（袋）。菌种瓶洗净控干后，装入培养料到瓶肩，将瓶内、外壁擦拭干净，盖上带有透气孔的盖。

c. 灭菌、冷却：灭菌过程一定要注意温度的控制，菌种制作一定采用高压灭菌罐进行集中灭菌。在蒸汽压力0.15MPa时，保持2h，就可以达到彻底灭菌的效果。灭菌后的培养瓶在冷却时，注意要缓慢排气进行降温，待灭菌罐内温度降至60℃，再移至冷却室彻底降温。

④ 培养

培养室要求清洁、干燥、凉爽。室内温度保持在23 ~ 25℃，室内空气相对湿度40% ~ 50%，并保持室内空气新鲜。培养室的窗户要用黑布遮光，以免菌丝受光照的影响造成基内水分蒸发，原基早现而老化。在培育期间，要经常检查菌瓶有无杂菌感染，一旦发现杂菌要及时淘汰。

原种见图4-31、栽培种见图4-32。

图4-31　原种（利金站　提供）　　图4-32　栽培种（倪淑君　提供）

3. 出菇实验

引进或自己选育的菌种，在大规模生产前要提前做出菇实验。比如引进栽培种前可以用厂家的原种放在盆内直接覆土做出菇实验。当表现出菇品质好、产量高时，方可投入生产。

第四节　大球盖菇栽培原料和配方

一、栽培原料

大球盖菇与双孢菇、鸡腿菇、草菇等一样，是最为典型的草腐菌类之一。菌丝分化木质素能力较弱，分化纤维素能力较强，是厌氮喜氧性菇类。北方可充分利用农业废弃物秸秆、稻壳、菌糠等资源进行生产，南方可单独用稻草栽培，也有地区使用适量杏鲍菇、金针菇工厂化废料用于生产。原料要求新鲜、干燥、无霉变、无结块、无虫蛀，晾晒干后避雨贮存。贮存较长时间的秸秆，由于微生物作用可能已部分被分解，并隐藏有螨、线虫、跳虫、霉菌等，会严重影响产量，不适宜用来栽培。玉米秸秆、麦秸、豆秆等农作物秸秆，质地较其他原料坚硬，一般粉碎成2～4cm的短段后使用；玉米芯粉碎成直径2cm的粒状。在栽培中，提倡因地制宜、就地取材，如林区添加少量落地的陈旧树叶来栽培大球盖菇，玉米种植区可以用丰富的玉米秸秆为栽培原料种植。

二、原料配方

从长期的生产栽培看，使用两种及以上原料混合，能补充各种原料的养分缺失，菌丝浓度提升更迅速，更利于产量的提高。原料的搭配要兼顾颗粒性（透气性）、吸水性，软硬结合。在温度偏低的时候，可以加入5%的麦麸或者晒干的牲畜粪肥。为了调整培养料的酸碱度，需增加石灰粉1%～2%。常见配方如下。

① 稻壳、木屑、玉米芯配方。用量比为：稻壳40%，木屑30%，玉米芯30%。

② 稻壳、木屑、牛粪配方。用量比为：稻壳75%，木屑10%，干牛粪15%（需要严格发酵处理）。

③ 稻草、稻壳、木屑配方。用量比为：稻草60%，稻壳30%，木屑10%。

④ 稻草、稻壳、黄豆秆配方。用量比为：稻草50%，稻壳30%，黄豆秆20%。

⑤ 单独使用稻草、稻壳、麦秸或玉米秸秆。

⑥ 稻壳或稻草、工厂化金针菇废料配方。用量比为：稻壳或稻草70%，工厂化金针菇废料30%。

第五节　大球盖菇栽培管理

下面分别介绍一下温室栽培、露地栽培（冬闲田轻简栽培）的具体操作要点，其他方式可参照管理。

一、温室栽培大球盖菇

1. 整地建池、消毒

在栽培温室四周开好直通河道的排水沟，主要是防止大雨后的积水渗入菇床影响大球盖菇菌丝生长，低洼地块一定要抬高地床。畦床南北或东西走向排列，池宽0.6 ~ 0.8m，或1.3m（双垄窄床辅料方式），池间距40 ~ 50cm。首先向地面挖深3 ~ 4cm取土，将土放在畦床间隔的作业道上，以供覆土用。修整畦面呈中间略高的龟背状，防止床底积水。栽培场地要求清洁、无污染物。在整地作畦完成后、培养料入畦之前，要进行场地消毒，在畦上及四周喷2000倍氯氰菊酯杀灭害虫，并撒生石灰粉进行消毒。

2. 培养料配方

采用稻壳、木屑、玉米芯配方。

3. 培养料处理

如果在温室内种植，建议采取发酵的方式对原料进行处理，可以把稍有霉变的原料处理成优质的原料。很多没有采用发酵技术，原料又有霉变现象，大规模种植后，如碰到高温高湿气候容易发菌不良、病虫害严重，等到发现问题已经回天无力了。下面介绍发酵料的处理方法。

（1）**场地处理、原料预堆**　可露天发酵，发酵场要干净，地面最好撒上一层石灰消毒。在硬化地面，将稻壳、木屑、玉米芯等主料（图4-33）、辅料铺在地面约80cm厚，长度不限，一起拌均匀。或者分层铺料后，边翻边用喷水管上水，直到原料吃透水分。也可用水幕带喷雾预湿，该方法在大面积推广时用得比较多，一天喷3次，一次30min，连喷3天，每天用铲车将料搅拌均匀，让原料吃透水分（含水量达到65%）。料面用2000倍氯氰菊酯杀灭害虫。

（2）**建堆**　将预湿的培养料堆成宽1.5 ~ 2m，高1 ~ 1.5m，长不限的料堆。如透气差，可在料堆上面用直径5cm的木棍打孔至地面进行有氧发酵，孔距50cm，起到通风透气的作用（图4-34）。

图4-33　主要原料（稻壳、木屑、玉米芯）　　图4-34　建堆

（3）**翻料（图4-35）**　料堆堆好2天后，用温度计测量培养料的温度，当料温达到60 ℃以上时，再过24h后，进行第一次翻料。翻料时，检查培养料的

含水量是否在65%以上，达不到时需补水。用pH试纸检查培养料的pH是否在7～8之间，未在此区间范围，应加入石灰进行调节。翻料的同时尽可能把外面未发酵的料翻到里面去进行充分发酵。一般翻3次堆，保证培养料含水量在70%～75%，pH值在6～7之间。

图4-35　翻料

4. 铺料、播种

（1）**铺料前检查料温**　由于温室通风透气差，播种后料内可能产生高于空间5℃左右的温度（如棚内气温32℃，料温可能达到38℃）发生烧菌，所以让料温稳定在25℃以下，并不再升温播种（图4-36）。播种工具及菌种表面消毒处理参照双孢菇即可。

（2）**铺料**　下面介绍一下一床双垄铺料法。该模式优点：一床分成两垄，增加了出菇面积。由于菌床宽度缩小，增加了氧气的通透性，发菌快，菌床中心不易受高温侵害。

首先将料铺厚度10cm、宽1.2m，然后将1.2m的料床分成两垄，两垄间距10cm，双垄南北两头用料封围，以增加投料量、出菇量，并且在培养基干燥缺水时便于灌水补湿。料层要平整，厚度均匀，宽窄一致（图4-37）。具体操作见视频4-1。

视频4-1

图4-36　检查料温

图4-37　双垄铺料

（3）**播种**　播种前注意让培养料吸足水分。播种时料温以25℃左右为宜，最低不宜低于20℃，最高不宜超过26℃。播种量每亩约需菌种400袋（菌袋规格13cm×26cm），方法如下（视频4-2）。

视频4-2

① 首先要进行穴播，将菌种掰成核桃大小，间隔10cm按入料中（图4-38）。

② 完成第一层播种后，在每个单垄上再铺厚度10cm的培养料，将菌种间隔10cm按入料中，用手、耙子或铁锹将穴内菌块用料盖严（图4-39）。两垄间距10cm的沟内少量铺料厚3cm，利于沟内大量出菇。

图4-38　穴播

图4-39　将穴内菌块用料盖严

③ 用铁锹将两垄侧面整理成斜面坡形，并轻轻拍平。

④ 盖稻草。最后在畦面铺2～3cm厚稻草，以看不到土为宜，发菌阶段起到保温、保湿和出菇阶段幼蕾防晒作用（图4-40）。盖稻草见视频4-3。

视频4-3

如果稻草缺乏，可铺编织袋代替（图4-41）。

图4-40　盖稻草

图4-41　铺编织袋

5．发菌期的管理

大球盖菇在菌丝生长阶段要求料温22～26℃，培养料的含水量为70%～75%，并适度通风，暗光培养。其中料温、湿度的调控是栽培管理的中心环节，下面重点介绍。

（1）料温调节　一般播种后要特别注意料温，料温22～26℃时，菌丝生长健壮。正常气温2～3天菌丝萌发，继而吃料生长。播种后，每天早晨、中午和下午要及时观测棚温（图4-42）、料温（图4-43），防止料温过高烧菌。料温20℃以下时，采取打开棉被增光、增厚覆盖物、减少喷水等措施以提高料温。料温超过28℃时，采取通风、喷水、用直径3cm木棍间隔30cm打洞到底、用铁叉子插入料底撬料等方法降温，避免高温烧菌。

图4-42　查看棚温

图4-43　查看料温

（2）湿度调节　播种后20天内，菌床料有一定的含水量，补水后易造成料含水量过高，造成菌丝生长不良，一般不宜补水。播种后要经常查看菌丝生长情况（图4-44）。如必须补水，则不宜向畦床菌料直接喷水，而是将水喷洒在稻草上（图4-45）。不要使多余的水流入料内，这样对料内菌丝生长有利。

图4-44　菌丝生长情况

图4-45　喷洒在稻草上补水

发菌20天后，菌丝占据整个料层1/2以上（图4-46），此时可以根据天气和棚内情况喷水增湿，如菇床表面的料干燥发白时应适当喷水。菇床的不同部位喷水量也应有区别，因为菇床中间料厚、侧面料薄，料中间部位宜少喷，侧面宜多喷，以水不渗入料中为度。

在实际栽培中，不能盲目地认为料面长满菌丝，就以为料内水分正好，最好的方法是在畦床上扒开几处料面检查，看看菌丝的生长状况。如果发现菌丝下扎

图4-46　菌丝吃料1/2以上

正常，用手轻握培养料感觉松软湿润，就证明水分合适。此时菇床上的湿度已达到要求，就不要天天喷水，否则会造成菌丝衰退（图4-47），产生地耳等杂菌（图4-48）。

若是菌丝细弱无力，原料用食指和拇指捏不出水来，证明原料偏干，要及时采取补水措施，方法是少量多次在畦床上喷雾状水。如果发现原料中下部发黑，菌丝停止生长，说明原料的含水量已经超标，要及时用铁叉或木棍在菌床的两侧贴着地面，横着叉透气孔。通入空气的同时，也可以通过透气孔排出一部分水分，这样基本可以解决水分过大的问题。

图4-47　菌丝衰退

图4-48　地耳

（3）通风和光照　在发菌期，每天要根据棚内通风情况，打开通风口、掀开料面编织袋、掀开稻草上薄膜通风，保证通风流畅。通过在棚内悬挂遮阳网、覆盖稻草，创造适合菌丝生长的暗光环境（图4-49～图4-52）。

图4-49 打开通风口

图4-50 掀开料面编织袋

图4-51 掀开稻草上薄膜通风

图4-52 遮阳网、稻草遮光

6. 覆土

温室栽培一般在铺料20~25天后，菌丝开始长透料2/3时开始覆土。覆土前取下稻草，将作业道上的土消毒（2%的石灰水和2000倍的辛硫磷）、调水（含水量22%~25%）处理后覆于料面，厚度3cm。如土干，适度喷水调湿利于菌丝爬土，覆土后再将稻草盖上。覆土后需从料垄两侧面扎两排3~5cm粗"品"字形孔洞至料垄中心底部，孔洞间隔20~30cm，使料垄中心有充足的氧气，并防止料垄中心升温伤菌。覆土后参照养菌期管理，让菌丝快速爬土（图4-53）。

图4-53 覆土

7．子实体形成期间的管理

播种后50～60天，菌丝长满培养料并爬上土层，覆土层内和基质表层菌丝束分枝增粗，即转入生殖生长阶段出菇。管理重点是保湿、调节温度、通风和增加散射光。温室出菇见图4-54。

图4-54　温室出菇

（1）保湿　出菇阶段每天早晚向畦面喷雾化水，保持空气相对湿度85%～95%，保持覆盖物及覆土层的湿润状态。一般7～10天土层表面可出现索状菌丝（图4-55），并形成白色原基（图4-56）。

图4-55　索状菌丝（聂阳　提供）

图4-56　白色原基（聂阳　提供）

当床面上有大量黄豆大小菇蕾发生时（图4-57），喷水时应轻喷勤喷、晴天多喷、阴雨天少喷或不喷，达到菌料既松软又湿润。每次喷水不可过量，防止多余的水分留入料内引起菌丝腐烂，造成菇蕾死亡。

随着菇体的增大，小菇蕾变成幼菇（图4-58）、成菇，此时可逐渐增大喷水量，菇多处多喷、菇体大多喷。喷水时通风换气，不喷"关门水"。

喷水时要随时观察培养料和覆土层的湿度情况，避免湿度过大或过小。若用手捏紧培养料稍有水滴出现，表明水量正好；若手握后水珠持续滴落，或出现霉烂，则表明含水量偏高，应停止喷水，及时排水，加强通风换气；若覆土层干燥发白，须增加喷水量，保持覆土层达到湿润状态，否则水分过小，影响原基产生，影响产量，菇体易开伞、表面龟裂（图4-59），影响品质。在出菇期要注意菇床要排水畅通，尽量降低地下水位，成菇采收前不喷水，以增加保鲜期。

图4-57　小菇蕾（聂阳　提供）

图4-58　幼菇（聂阳　提供）

（2）**调节温度**　大球盖菇出菇的适宜温度为16～21℃，低于4℃或超过30℃均不长菇。出菇期可通过调节光照时间、喷水时间、场地的通风程度等，使环境温度处于较理想的范围。温度超过30℃时，要采取通风、喷水等降温措施，确保菇体正常生长。温度低于12℃时，可以卷起保温被或者草苫，利用大棚上的塑料布采光增温。进入霜冻期，可采取增设拱棚、增加覆盖物、停止喷水等措施，使小菇蕾

图4-59　表面龟裂（聂阳　提供）

安全越冬。子实体从现蕾到成熟需要7～10天，温度低，菇体生长缓慢、肥厚、不易开伞；温度高，菇体生长较快、朵形小、易开伞。

（3）**通风**　在菌床上有大量子实体发生时，更要注意通风，特别是采用塑料棚栽培的，应打开棚膜和大棚后面的通风口适度通风（图4-60、图4-61），

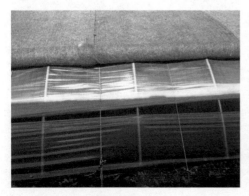

图4-60　打开棚膜通风

图4-61　大棚后面的通风口

需增加通风次数，延长通风时间，通风时间有时可长达1～2h，使CO_2浓度低于0.15%。而在露地、林地等栽培的，空气新鲜，可不必增加通风次数。场地通气良好，菇柄短、菇体结实健壮、产量高。除了加强环境通风外，还要加强菌床内部通风，从菌床的面上或近地面的侧面上打洞，促进菌床内的空气流通。

（4）光照　大球盖菇菌丝的生长可以完全不要光线，但散射光对子实体的形成有促进作用，子实体生长阶段需保持100～500lx的光照强度。在实际栽培中，栽培场选在半遮阳的环境，成品菇色泽艳丽（图4-62）、菇体健壮、产量高。若光照太弱则影响原基形成分化，子实体颜色变浅（图4-63），影响产量、品质。

图4-62　色泽艳丽　　　　　　　　　　　　图4-63　颜色变浅

（5）采收　子实体从现蕾，即露出白点到成熟需5～10天。采收时应根据大球盖菇成熟程度、市场需求及时采收。当子实体的菌褶尚未破裂或刚破裂，菌盖呈钟形时为采收适期（图4-64）。采菇时采大留小，不要破坏出菇层。采收宜早不宜晚，若等到成熟，即菌褶转变成暗紫灰色或黑褐色、菌盖平展时才采收就会降低商品价值（图4-65）。采收时，用拇指、食指和中指抓住菇体的下部，

图4-64　适时采收　　　　　　　　　　　　图4-65　过晚采收

轻轻扭转一下，松动后再用另一只手压住基物向上拔起，切勿带动周围小菇，采收后在菌床上留下的洞穴要用土填满。采收时可先进行粗分级，摆放时可头对头、脚对脚，保持菇体干净。为保持菇体干净，可腰挂毛巾用来擦手。鲜品出售一般不需要切去菇脚，干品则切去菇脚。

（6）**转潮管理** 采菇后停水3～5天，让菌丝休养生息，充分贮蓄养分，然后再喷水催蕾，又开始出第二潮菇，管理方法同第一潮菇。整个生长期可收3潮菇，一般以第二潮的产量最高，每潮菇相间15～25天。采菇后，菌床上留下的洞口要及时补平，清除留在菌床上的残菇，以免腐烂后招引虫害而危害健康的菇。

转潮期要检查料垄中心的培养料是否偏干，如果偏干，可采用两垄间灌水浸入料垄中心或采取料垄扎孔洞的方法来补水。但不能大水长时间浸泡或一律重水喷灌，避免大水淹死菌丝体，使培养料腐烂退菌。

二、单季稻冬闲田露地栽培大球盖菇

种植一季水稻后冬闲田较多，同时有丰富的水稻秸秆。以稻草为主要栽培料采用生料栽培方式种植大球盖菇，有效利用了水稻秆，提高了土壤有机质，一举多得。下面介绍一下具体操作要点。

1．场地选择

选择一季水稻冬闲田，要求田块排灌方便，土壤疏松肥沃、富含腐殖质。栽培大球盖菇之前，将稻田的水排干，翻耕整平。

2．季节安排

根据南方自然气候情况，结合水稻冬闲田特点，大球盖菇播种时间应安排在10月初～11中旬，确保12月～翌年3月出菇。

3．栽培管理技术

（1）**原料准备** 稻草栽培大球盖菇，可以不添加辅料。选择清洁、新鲜、干燥的稻草，亩用量3t。据测算，每栽培1亩可消耗10亩水稻秸秆。除稻草外，如有条件可添加谷壳、杂木屑等增加培养料营养，提高出菇产量。

（2）**挖排水沟** 田块四周挖宽30cm、深20～30cm的排水沟，如果田块面积大，还要挖纵沟和横沟（畦长一般控制在15～20m），便于排灌水。

（3）**铺料建畦** 将稻草等料整齐地在田地铺成龟背形畦。龟背形畦不积水，畦宽60～70cm，畦长则依田地情况而定。畦与畦之间留出60～70cm宽的操作走道，由于后期须灌水浸料，因此要求各畦铺稻草厚度尽量一致（图4-66、图4-67）。

图4-66　建畦铺料

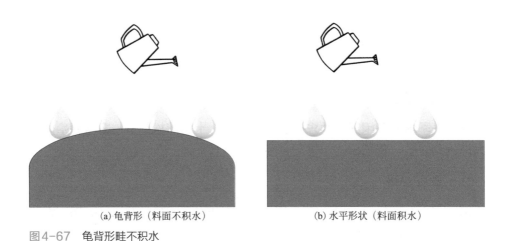

（a）龟背形（料面不积水）　　　　（b）水平形状（料面积水）

图4-67　龟背形畦不积水

（4）**播种**　播种时将菌种掰成3cm见方的菌种块，按每隔8～10cm均匀排播于铺好的稻草表面2cm深处。每亩约需菌种400袋（菌袋规格13cm×26cm）。如播种较晚，土温降低，需适当加大用种量，以利于早出菇（图4-68）。

（5）**覆土**　播种后立即将畦沟的表土挖松覆于畦面，覆土厚度为2～3cm，畦沟自然形成，田块四周排水沟应深于畦沟（图4-69）。

（6）**盖稻草**　覆土后在畦面铺一层2～3cm厚的稻草，以看不到土为宜，在发菌阶段起到保温、保湿和出菇阶段幼蕾防晒作用（图4-70）。

（7）**灌水**　堵住场地排水口，引水进入栽培田块。水的高度以淹没畦面为宜，保持2～3h后排水（图4-71）。灌排水均应尽量快速，避免因培养料上、

图4-68 播种

图4-69 覆土

图4-70 盖稻草

图4-71 灌水

下层浸水时间不同而造成料含水量差异太大。

（8）**发菌管理** 一般播后3天开始发菌。发菌期料温最好控制在22～26℃之间，温度偏低发菌慢，温度过高引起烧菌。播种一周后，要检查稻草含水量。具体方法是，抽出畦中几根稻草，左右手各持一端，向相反方向拧草，若稻草有水珠滴下，表明含水量适中，反之则偏干。若料偏干，应再次灌水、浸水2h。在菌丝未吃透培养料前，遇到持续雨天应及时做好排水，防止积水，否则会导致培养料吸水过量，影响菌丝生长（图4-72）。

（9）**出菇管理** 气温正常，播种后45天菌丝即可长满培养料，并向覆土蔓延。当菌丝露出覆土，畦面土块间有白色原基出现时，可根据土壤表面湿度确定是否需要补水。表土干燥会抑制出菇，有条件的可以给表土喷水；也可往畦沟内灌水，可保持沟内浅水（图4-73）。出菇管理具体操作可参照温室栽培管理。

图4-72　发菌管理

图4-73　畦沟内灌水

（沈少华　提供）

三、大球盖菇林下栽培

大球盖菇具有极强的抗逆性，林下的遮阳度、空气及土壤的湿度适合大球盖菇生长。林下的腐殖质可以为大球盖菇的生长提供所需营养物质，而菌丝、子实体进行呼吸作用产生的二氧化碳又可以促进林木的光合作用，采菇后的培养基剩余物又可以作为有机肥料促进树木生长。因此，在林下种植大球盖菇既能充分利用我国丰富的林地资源又能给农民创利增收。按照每亩林地利用率50%计算，其亩产量高达2000～2500kg，经济效益显著。多年来，笔者在黑龙江、山东地区开展林地套种大球盖菇试验、示范与技术推广，现将其关键技术总结如下。具体操作见视频4-4。

视频4-4

1．栽培季节

春栽以2月中下旬播种，4月中下旬开始出菇为宜；秋栽以8月上旬、中旬播种，10月上旬、中旬出菇为宜。

2．林地选择

选择土壤肥沃、富含腐殖质、避风向阳、半荫蔽、行距1m以上的阔叶林，最好交通便利、靠近水源、方便排水、无污染源（图4-74）。

3．栽培原料、配方及原料发酵

采用稻壳、木屑、玉米芯配方，原料要求新鲜、干燥、无霉变、无结块、无虫蛀。投干料15～20kg／m^2，用量比为：稻壳40%、木屑30%、玉米芯30%。为了调整培养料的酸碱度，需添加石灰粉1%～2%，原料发酵参照温室栽培。尽量采用机械拌料，以降低生产成本（图4-75～图4-80）。

图4-74　林地选择（倪淑君　提供）

图4-75　机械铺料（聂阳　提供）

图4-76　撒石灰（聂阳　提供）

图4-77　撒石灰后的料面（聂阳　提供）

图4-78　水幕喷带预湿（聂阳　提供）

4．整地、作畦铺料

铺料前，清除林间杂草和杂枝，用800倍防虫灵水剂喷洒场地，场地打透水或保持墒情适中后用微耕机刨松土壤。按照畦宽50～60cm、沟宽50cm拉

图4-79 水管预湿（聂阳 提供）

图4-80 铲车拌料混合（聂阳 提供）

线确定铺料畦面。根据树木行距确定栽培畦的数量，一般树行间可以栽培1~2畦。整畦后将培养料均匀铺在畦面上，厚度约20cm，将料做成龟背形垄。也可以做成110cm料垄，再分成2个小垄，垄间距40cm。要求料层平整，厚度均匀，宽窄一致（图4-81）。

5. 播种

将菌种掰成核桃大小，参照温室播种即可（图4-82）。

图4-81 铺料（聂阳 提供）

图4-82 播种（聂阳 提供）

6. 覆土、盖稻草

林地保湿性差，虫害严重，播种后可立即覆土2~3cm。要求土壤为土质疏松、有机质含量较高、不板结的田土。覆土后盖上一层稻草或树叶等覆盖物保湿（图4-83、图4-84）。当最低气温15℃时，用竹片或塑料支架搭建小拱棚，覆盖黑色薄膜保湿保温，有条件的安装微喷设施。

图4-83 覆土（聂阳 提供）

图4-84 盖稻草（倪淑君 提供）

7. 发菌期管理

播种覆土后2～3天菌丝开始萌发，3～5天菌丝开始吃料，40～50天菌丝长透培养料，50～60天后覆土层充满菌丝体，菌丝束分枝增粗。发菌期注意通风换气，保持土壤湿润，温度最好保持在22～26℃（图4-85）。

图4-85 发菌（倪淑君 提供）

8. 出菇管理

管理上掌握温、湿、光、气等条件合理，下面具体介绍一下。

出菇适宜温度16～21℃。温度高，生长速度快，但柄长、盖薄、易开伞、菇质差。温度较低，生长速度较慢，但菇质肥壮、柄粗盖肥、质量好。温度超过30℃时，子实体原基很难形成。

湿度：基料湿度65%～70%，空气湿度85%～95%，土壤湿度22%～25%。

光照：出菇期半阴半阳，可用遮阳网调节，林下密闭度50%～70%为宜（图4-86）。

空气：保持空气新鲜，通风良好（图4-87）。

图4-86 光照充足生长状态（倪淑君 提供）　图4-87 通风良好生长状态（倪淑君 提供）

9. 采收

采收宜早不宜迟，采收时用手指抓住菇脚轻轻扭转一下，松动后再用另一只手压住基物向上拔起，切勿带动周围小菇，采收后在菌床上留下的洞穴要用土填满（图4-88）。采收的菇体装筐，及时烘干或鲜销（图4-89）。

图4-88 采收（倪淑君 提供）　　　　图4-89 装筐（倪淑君 提供）

10. 转潮管理

一潮菇采收结束后清理畦面，停水3～5天，菌丝积蓄营养，3～5天后喷水增湿。如转潮时遇5℃以下低温，菌丝休眠，则减喷或不喷水，保持土壤湿润不发白即可，待气温回升后，再增湿催蕾。

（倪淑君、聂阳 提供）

第六节　大球盖菇的保鲜加工

　　大球盖菇出菇期集中，鲜品易开伞，货架期较短，因此保鲜加工尤为重要。为了保证经济效益不受损失，现介绍大球盖菇的冷库保鲜、盐渍加工及切片烘干技术。

一、低温保鲜

1. 保鲜箱内低温保鲜

　　按照加工要求，将畸形、有病虫害菇剔除，将鲜品放在保鲜箱内（图4-90），盖上保鲜膜（图4-91），预冷后放进冷库1～3℃保存。

图4-90　放保鲜箱内（倪淑君　提供）　　　　图4-91　盖保鲜膜（倪淑君　提供）

2. 真空保鲜

　　把鲜菇按照一定的重量（一般500g一袋）装入塑料袋，放在真空封口机中抽真空。真空保鲜可以减少袋内氧气，隔绝鲜菇与外界的气体交换，降低鲜菇代谢水平（图4-92）。

图4-92　真空保鲜

二、盐渍加工

1. 选菇清洗

用于盐渍加工的鲜菇在60% ~ 70%成熟时采收，采收后刮去菇脚的泥沙和培养基等杂物，清洗干净。

2. 煮菇

煮制杀青一般使用5%的食盐水，等水开后把菇下锅（每次下锅鲜菇不超过杀青水的40%）。等水再开锅，才能翻动菇，翻至均匀受热，视菇体大小一般翻动8 ~ 12min（图4-93）。煮菇时为防止菇体色泽褐变而影响产品品质，应用铝锅或不锈钢锅。

3. 冷却

煮制好的菇捞出放入冷水里冷却，将水管放在装菇容器底部，让冷水从下往上把热水逼出，起到快速冷却的作用，直到冷透为止。

4. 装桶

把冷却好的菇放筐里称重（去筐重），净重45kg为标准。然后倒入桶内，在桶里加冷水7.5kg，灌装完成（图4-94）。

5. 加盐

把装好菇的桶依次摆放整齐，第一天加盐5kg，第二天再加5kg，切记盐要只放在桶口。

图4-93　煮菇（倪淑君　提供）

图4-94　装桶（倪淑君　提供）

三、切片烘干

1．选菇、切片

采收前2天停止喷水，选柄粗、盖肥、不开伞的鲜菇清理干净，去除菇脚，切成0.5～0.6cm的薄片，均匀摆放于烤筛上。

2．定型

晴天采摘的菇烘干起始温度为35～40℃，雨天采摘菇烘干起始温度30～35℃。当鲜菇表面水分迅速蒸发时，将进气窗和排气窗全部打开使水蒸气尽快排出，促使菇片定型。此时温度需要适当降低，一般降至约26℃，并保持4h。这样可使菇片不变形不卷边，色泽也不会变黑。

3．脱水、干燥

定型后，在6～8h内将烘烤温度升高至51℃左右并保持恒温，促使菇体内的水分大量蒸发。需要注意的是，在升温阶段还要对烘筛位置进行适当调整，及时开关气窗。为了确保菌褶片直立和色泽的固定，相对湿度应调整到10%左右。此后，以每小时1℃的幅度将烘烤温度缓慢升高到60℃，进行干燥。当菇片烘至8成干时，应取出烘筛晾晒一段时间再上架烘烤。再次烘烤时应将双气窗全部关闭，烘制时间大约2h。

4．成品及分装

干制完成后，用手轻折菇柄易断，并发出清脆响声。一般6.0～6.5kg鲜菇可制成0.5kg干品（图4-95）。将干品按级别分装于塑料食品袋内，密封袋口，贮藏保存或外销（图4-96）。

图4-95　干品（倪淑君　提供）

图4-96　袋内保存（倪淑君　提供）

第七节　大球盖菇的病虫害防治

大球盖菇栽培过程中会遇到"烧菌"，料内长菇、鬼伞、地耳等病害，螨类、跳虫、菇蚊、蚂蚁、蛞蝓、老鼠等虫害。现将主要防治措施分述如下。

一、烧菌

1. 产生原因

温度高、通风差。菌种萌发后，在向原料内生长时，随着菌丝量增多，原料内温度会逐渐上升，如通风不良，再加上中午气温升高，很容易造成烧菌现象。判断菌种是否被高温烧死，可以把栽培床上的原料扒开一处。如果清楚地看到在原料中，最高处的菌丝退菌并出现霉变说明已经烧菌。

2. 解决方案

及时采取通风、空间喷雾降温、杀虫等措施，降低温度。料温在5～25℃之间都可补种，20℃以下补种的成活率偏高，25℃以上杂菌会占据优势。因为菌丝要分解杂菌才能往前生长，因此温度较高时菌丝生长缓慢。

二、料内长菇

1. 原因

料内长菇，又叫地雷菇，一般头潮菇才易发生，地雷菇菌盖畸形，个头很

大，颜色很浅，菌柄很长，品相很差
（图4-97）。这是由于料松，土混入料
内引起的。

2. 防治方法

堆料时，适度拍实培养料，覆土
时不让土混入料内。

图4-97　料内长菇（聂阳　提供）

三、鬼伞

1. 发生原因

鬼伞常在菌丝生长不良的菌床上
或用质量差的稻草作培养料栽培时发
生（图4-98）。

2. 防治方法

① 稻草要求新鲜干燥，栽培前让
其在烈日下暴晒2～3天，利用阳光
杀灭鬼伞及其他杂菌孢子。

② 栽培过程中掌握好培养料的含
水量，以利菌丝健壮生长，让菌丝占
绝对优势。

图4-98　鬼伞

③ 鬼伞与大球盖菇同属于蕈菌，生长在同一环境中时，彻底消灭鬼伞难度
大。在菌床上若发现鬼伞子实体，应及早拔除。

四、常见虫害防治

① 场地最好不要多年连作，以免造成害虫滋生。

② 在栽培过程中，菌床周围放蘸有0.5%的敌敌畏棉球可驱避螨类、跳虫和
菇蚊等害虫。也可以在菌床上放报纸、废布并蘸上糖液，或放新鲜烤香的猪骨头
或油饼粉等诱杀螨类。对于跳虫，可用蜂蜜1份、水10份和90%的敌百虫2份
混合进行诱杀。

③ 严禁在白蚁多的地方进行栽培，发现蚁巢要及时撒药杀灭。若是红蚂蚁，
可用红蚁净药粉撒在有蚁路的地方，蚂蚁食后，能整巢死亡，效果甚佳。若是白
蚂蚁，可采用白蚁粉1～3g喷入蚁巢，5～7天即可见效。

④ 对蝼蛄的防治，可利用其晴伏雨出的规律，进行人工捕杀，也可在场地

四周喷10%的食盐水来驱赶蛞蝓。

　　⑤ 在室外栽培场，老鼠常会在草堆做窝，破坏菌床，伤害菌丝及菇蕾，应采用老鼠药诱杀。

第五章

双孢菇栽培

第一节 双孢菇概述

双孢菇（Agaricus bisporus）属于真菌门、担子菌亚纲、伞菌目、伞菌科，蘑菇属，由于它一个担子中通常含有两个孢子，故称双孢菇。它味道鲜美，营养丰富，高蛋白低脂肪，享有"植物肉"之称。双孢菇人工栽培始于法国路易十四时代，18世纪初就有人在法国巴黎的石灰石废弃矿穴中进行人工栽培。1893年，Costentint 和Matruchot发明了双孢菇孢子培养法，20世纪初Dugger利用组织分离法培育纯菌种获得成功。1915年巴氏消毒法被引入培养料发酵中。1934年美国证实了二次发酵技术对提高双孢菇产量的显著作用。1950年丹麦首次采用大的聚丙烯塑料袋作为容器栽培双孢菇，发展成一种新的袋式栽培系统。1973年意大利发明了通气浅槽隧道式后发酵与发菌新技术。近年来，爱尔兰成功开发了室外大棚栽培。我国胡昌炽先生1924 ~ 1926年从日本引进双孢菇菌种进行试种，1930年潘志农先生在福州获得小面积试种成功，此后在上海也试种成功，1949年全国栽培面积仅有2000m²。上海从1957年开始推广床架式栽培技术，1958年又用牛粪代替马粪栽培成功，1979年张树庭教授介绍二次发酵技术。双孢菇人工栽培经历了地栽到架栽，马粪到牛粪，一次发酵到二次发酵，无产权种到产权种不同阶段。产量由每平方米几斤，到十几斤，再到几十斤。双孢菇主要栽培原料是稻草、麦秸、玉米秸等农作物秸秆和各种粪肥。目前，全世界已有100多个国家和地区进行栽培，产量居各种食用菌首位，被称为"世界菇"，尤其在食用菌产业占有重要位置。

一、形态特征

双孢菇是由菌丝体和子实体两部分组成的，人们日常食用部分就是双孢菇的子实体，菌丝体和子实体都是由无数丝状菌丝交织而成的。

1. 菌丝体

菌种瓶内、培养料内灰白色的丝状物就是双孢菇的菌丝体，可吸收、输送水分和营养物质，其作用类似植物的根（图5-1、图5-2）。

2. 子实体

双孢菇子实体是由发育成熟的菌丝扭结形成的组织，包括菌盖、菌柄、菌褶、菌幕（膜）、菌环、孢子等几部分（图5-3）。

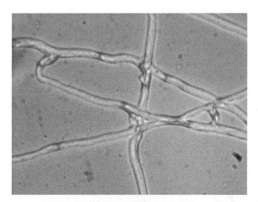

图5-1　菌丝体显微结构

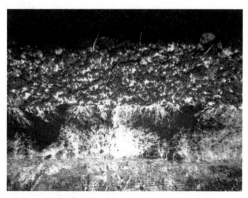

图5-2　料中菌丝体

图5-3　子实体

　　（1）**菌盖**　位于子实体最上部分，俗称"菇帽"。菌盖成熟展开后呈伞状，是双孢菇主要食用部位。初呈半球状，后平展，白色至淡黄色，表面光滑，干时渐变为淡黄色，直径4～12cm。

　　（2）**菌柄**　又称菇柄，俗称"菇腿"，着生在菌盖下方中央，上部与菌盖相连，下部着生于菌床的覆土层内，是菌盖的支撑部分。商品菇要求柄短粗壮，无空心，长度一般不超过1cm。

　　（3）**菌褶**　菌盖开伞后，菌盖下面呈辐射状排列的片状组织称菌褶。菌褶初为白色，逐渐变为淡粉红色，随着成熟度的变化而成为紫褐色，开伞后呈暗紫色。

　　（4）**菌幕（膜）**　为菌盖未开伞时其边缘和菌柄之间连接的一层膜质组织，白色、薄，起到保护菌褶的作用。

　　（5）**菌环**　当子实体成熟开伞、菌幕破裂后，残留在菌柄中部周围的一圈环状物即为菌环。菌环单层、白色、易脱落。

（6）**孢子**　子实体成熟开伞后会从菌褶两侧的担子梗上产生孢子。孢子呈椭圆形，光滑，褐色，长6～8.5μm，宽5～8.5μm。

二、生活史

蘑菇生长发育与生命繁衍的整个历程叫蘑菇的生活史，可概括为：孢子—菌丝体—子实体—形成新的孢子，孢子继续萌发又进入新一轮生活周期。大致经历担孢子萌发、菌丝生长及子实体形成与发育3个阶段。

1. 担孢子萌发

孢子萌发过程大致可分为孢子始发期和牙管、菌丝形成期2个阶段。

2. 菌丝生长

菌丝在菌种生产和栽培的培养料中呈绒毛状，菌丝细密；覆土后，尤其是喷结菇水后，绒毛状菌丝进一步生长扭结，在覆土中形成线状菌丝；在适宜的出菇条件下，线状菌丝顶端扭结形成菇蕾，菇蕾破土而出发育成为子实体；在覆土内的线状菌丝不断分枝、增粗，形成锁状菌丝。

3. 子实体形成和发育

在正常情况下，双孢菇子实体从形成到衰老要经历以下5个发育阶段。

（1）**原基期**　双孢菇菌丝体生长发育达到生理成熟后，在内外因子作用下，覆土层内便会形成白色米粒状的原基。原基散生或群生，组织内部无菌盖、菌柄分化，直径0.1～0.2cm。原基的出现标志着双孢菇由菌丝生长转入子实体发育阶段。

（2）**菌蕾期**　随着原基的生长，菌蕾逐渐长到黄豆粒般大小，此时已具菌盖、菌柄的雏形，菌盖直径0.2～0.4cm。菌柄的生长速度比菌盖快，呈倒葫芦形，常分布在覆土层表面的土粒之间。

（3）**初熟期**　此期菌柄逐渐增粗，菌盖迅速长大，由球形变成半球形，菌盖直径0.4～3.5cm，俗称"纽扣期"或"纽扣菇"。此期子实体组织紧实、质嫩，菌盖内卷且和菌柄紧贴在一起，没有间隙，未能充分生长，一般不能采收。但如果遇到出菇较密的情况，应先采去一部分，使菇体充分生长。

（4）**成熟期**　纽扣菇进一步生长发育，便进入了成熟期。此期主要特征是菌盖半球形或扁半球形，直径2～5cm或更大，应及时采收。采收原则是菌盖大小达到收购标准，菌膜窄、紧、不破裂。成熟后期，菌盖扁平，菌膜拉大、变薄，并逐渐裂开，露出粉红色菌褶，担孢子开始释放，此时子实体一般不用于加工，应及时鲜销。

（5）**衰萎期** 若子实体成熟后不及时采收，便进入了衰萎、老死阶段。在衰萎期初期阶段，体形或许增大，但重量基本不再增加，随后逐渐变轻。此期菌盖开伞至展平，菌盖边缘变薄并开裂，菌褶呈黑褐色，担孢子进一步释放。菇体中原生质大量减少，纤维含量提高，虽能食用，但风味大减。

三、生长发育条件

影响双孢菇生长发育的因素主要有营养、温度、湿度、空气、光线、酸碱度和土壤等。在不同生长阶段，双孢菇对环境条件的要求不完全相同。因此在生产上只有创造和满足双孢菇对各生长条件的要求，协调好它们之间的关系，才能获得高产、稳产。

1. 营养条件

（1）**碳源** 双孢菇是一种草腐菌，主要利用秸秆类物质作为碳源。凡是含有木质素、纤维素、半纤维素的无霉变的禾草及禾壳类物质均可作双孢菇的碳源。双孢菇对纤维素、半纤维素、木质素这类大分子物质直接利用能力很差，这些物质必须经过堆积发酵过程中的中高温微生物降解之后才能被很好利用。

（2）**氮源** 双孢菇可以利用的氮源以有机氮为主，尤其适宜利用畜禽粪；它不能直接利用蛋白质，但能很好地利用其水解产物——氨基酸及蛋白胨；对硝酸盐利用能力差；对硫酸铵可以利用，但施用量不能过多，否则培养料容易变酸，影响菌丝生长；尿素对培养料发酵有很好的促进作用，但施用量不宜超过0.5%，否则氨气产生过多，影响菌丝生长；各类饼肥也是双孢菇很好的氮源。

双孢菇生长发育最适宜的碳氮比为（17～18）：10。为使料堆制发酵后碳氮比达到（17～18）：1，配制时原料碳氮比应为（30～33）：1。对培养料粪肥及尿素的添加要严格按照这个要求进行。

（3）**矿物质** 矿物质是双孢菇生长发育需要的重要营养物质，生产上常用过磷酸钙、石膏、碳酸钙、石灰作为钙肥和磷肥。双孢菇培养料是以秸秆类物质为基本原料，其中有丰富的钾，因此，钾不必另添加。双孢菇生长发育适宜的氮、磷、钾的比例为4：1.2：3。

2. 环境条件

（1）**温度** 温度是双孢菇生长发育的重要环境因子。菌丝生长温度范围为5～33℃，最适生长温度为22～26℃。在5℃以下菌丝生长极缓慢，33℃以上菌丝生长基本停止，40℃以上就会死亡。原基分化期需要3～5℃变温刺激，子实体生长发育的温度范围为4～24℃，最适生长温度为14～18℃，在此温度范围内，菇体大、肥厚、出菇量多；温度高于19℃时，子实体生长速度快，菌柄长，肉质疏松，易开伞，品质差。温度低于12℃时，子实体生长缓慢，菇大而肥厚，组织致密，但出菇稀少。担孢子的释放温度为13～20℃，超过27℃即使子实体已相当成熟，也不能释放。孢子萌发适宜温度24℃左右，温度过高或偏低都会推迟孢子萌发。

（2）水分和湿度　双孢菇生长的水分来自于培养料、覆土层和空气中的水蒸气，在菌丝生长阶段，适宜的培养料含水量为60%～70%。若料中水分含量高于75%，料中氧气不足，出现线状菌丝，生活力下降；若料中含水量低于50%，菌丝生长缓慢，绒毛状菌丝多且纤细，不易形成子实体。菌丝生长期间覆土层含水量在菌丝上土期（吊菌期）应偏小些，土粒含水量应维持在18%左右；菇蕾形成期，尤其当子实体长到黄豆大小时，覆土层要湿，土粒含水量应约为20%（具体要求是土粒能捏得扁、搓得圆、不粘手）。菌丝生长期间，空气相对湿度75%左右。子实体生长期间要求环境中空气相对湿度达到90%，若湿度低于80%，子实体表面会出现鳞片，从而降低质量；若长期处于95%以上的高湿状态下，原基和幼菇易死亡。

（3）光照　双孢菇生长不需要光线，整个生长过程可在黑暗条件下进行，黑暗条件下生产出的商品朵形圆整，质量较好。在原基分化期可以给以微弱散射光刺激，利于原基分化，但散射光过强会造成菇体表面干燥变黄起鳞片，品质下降。

（4）空气　双孢菇属好气性真菌，无论是菌丝生长阶段还是子实体发育期间，都需要新鲜空气。在发菌阶段，CO_2含量应控制在0.1%～0.5%。子实体生长发育要求充足的氧气，应控制在0.1%以下。出菇阶段若CO_2含量超过0.1%，则菌盖小、菌柄细长、极易开伞；若CO_2含量高于0.5%，就会抑制子实体分化，停止出菇。同时培养料内的绒毛菌丝生长旺盛，长到覆土的表面，即所谓的冒菌丝。因此，菇房应根据不同生长发育阶段，及时通风换气，供以充足的新鲜空气。

（5）酸碱度　双孢菇菌丝在pH5.0～8.5均可生长，最适宜的pH为6.8～7.2。由于菌丝体在生长过程中会产生碳酸和草酸，这些有机酸积累在培养料和覆土层里会使菌丝生活的环境逐渐变酸。因此播种时，培养料的pH应调至7.5～8.0，土粒的pH调至8.0，这样既有利于菌丝生长，又能抑制霉菌的发生。

第二节　双孢菇菌种生产

菌种是双孢菇栽培的基础条件，就像农作物的种子一样，只有生产出优良的菌种，才能保证稳产高产，获得良好的栽培效益。

一、菌种分级

根据菌种扩繁程序，把菌种分为母种、原种和栽培种三级。

1．母种

通常把试管培养的菌种称为母种或一级菌种，它是由双孢菇的子实体组织分离或孢子分离，在含有琼脂的培养基上培育生长的具有结实能力的纯菌丝体。培养容器一般为玻璃试管，常用于扩大培养或用于菌种保藏。

2．原种

又称二级种。是将母种接种到粪草、棉籽壳或者麦粒培养基上培养获得的具有结实能力的菌丝体及培养基质。培养用的容器一般为玻璃或塑料制成的菌种瓶。通常l支母种可以转接5瓶原种，原种可以用来扩接栽培种。

3．栽培种

又称三级种或生产种。是将原种接种到粪草、棉籽壳或者麦粒培养基上培养获得的具有结实能力的菌丝体及培养基质。国内培养用的容器一般为玻璃或塑料制成的菌种瓶或小塑料袋，国外多采用容量较大的塑料袋。通常1瓶原种可以接种30瓶栽培种，栽培种直接用于栽培，每平方米栽培面积用种1.5～2瓶。

二、菌种生产流程

不论哪一级菌种，生产工艺大致相同，都包括培养基的制备、接种和培养三个主要环节。

1．母种生产工艺流程

马铃薯葡萄糖琼脂培养基—分装试管—121℃灭菌0.5h—摆斜面培养基—接种培养。

2．原种生产工艺流程

粪草、棉籽皮或麦粒培养基—装瓶—126℃灭菌2h—接种培养。

3．栽培种生产工艺流程

粪草、棉籽皮或麦粒培养基—装瓶或装袋—126℃灭菌2h—接种培养。

三、菌种生产计划

菌种生产季节应根据当地适合栽培双孢菇的时间而定。在外界环境条件正常的情况下，一般应在开始栽培前30～40天安排生产栽培种，在生产栽培种前30～40天生产原种，在生产原种前15～20天购买或生产母种。菌种生产时间非常重要，一定要按照菌种生产计划严格执行。以9月上旬播种为例，菌种生产计划：6月初制作生产用母种→7月初开始生产原种→8月初生产栽培种→9月初栽培种培养完成→9月上旬播种。

四、优质菌种标准

1. 优质母种的标准

用肉眼直接观察斜面菌丝，菌丝呈洁白放射状，且生长浓密、健壮有力，边缘整齐、无间断，无病虫杂菌污染，气生菌丝爬壁力强。

2. 优质原种及栽培种的标准

菌丝致密、洁白、粗壮有力，气生菌丝整齐均匀，瓶壁四周菌丝爬壁力强，无间断，无杂菌污染。

五、主要栽培品种

双孢菇根据菇盖颜色分为白色（图5-4）和棕色（图5-5）两种，当前生产上栽培的主要以白色双孢菇品种为主。双孢菇根据生产方式适应性分为非工厂化生产用品种和工厂化生产专用品种两种，各地可根据生产实际，选用经省级以上

图5-4　白色双孢菇

图5-5　棕色双孢菇

农作物品种审定委员会登记的品种。应从具有相应资质的供种单位引种，引进后通过小面积试种后，再进行大面积生产。避免盲目引进新品种，一次性投入过高产生经济损失。

六、双孢菇母种生产

双孢菇母种的生产包括培养基的制作和母种的扩繁。制备母种培养基基本程序是：制作培养基→各种药品的称量→配制→制取（水煮、过滤）→分装→灭菌→冷却→灭菌效果的检查。母种扩繁的基本程序是：母种试管的表面处理→接种→培养→检查→淘汰污染和不正常个体→成品。

1．母种培养基常用配方

马铃薯（去皮）200g、葡萄糖20g、干牛粪50g、琼脂18～20g、磷酸二氢钾3g、硫酸镁1.5g、水1000ml，pH6.5～7.0。

2．母种生产方法

（1）切土豆、称药品及原料

将土豆洗净、去皮、挖去芽眼（芽眼处龙葵碱对菌丝有毒害作用），切成约1cm小块，准确称取各种原料及药品。

（2）煮土豆、溶解药品

将200g土豆在1200ml水中文火煮沸30min（标准为熟而不烂），然后用6层纱布过滤，倒掉残渣并洗净铝锅。将滤液倒入锅内，同时加入溶解的琼脂粉、葡萄糖、磷酸二氢钾、硫酸镁。继续加热并搅拌至全部溶化，停止加热，将水补足1000ml。

（3）分装试管、塞棉塞、包牛皮纸

① 试管规格：一般选用20mm×200mm的试管。

② 分装试管：装量相当于试管长度的1/5（图5-6）。

③ 塞棉塞：棉塞塞入管中部分约1.5～2cm，外露部分约1.5cm。

④ 包牛皮纸：10支试管用线捆成一捆，管口用牛皮纸包好扎紧

图5-6　分装试管

（图5-7）。

（4）灭菌、摆试管

① 灭菌：灭菌温度达到105℃时，打开放气阀放气3～5min，然后关闭。继续加热，灭菌温度达到121℃，灭菌30min。

② 摆试管：灭菌及冷却后将试管培养基摆成斜面，一般长度为试管的2/3，培养基上限至少应距棉塞3cm，试管摆成斜面后不宜再行摆动（图5-8）。

图5-7　牛皮纸包好

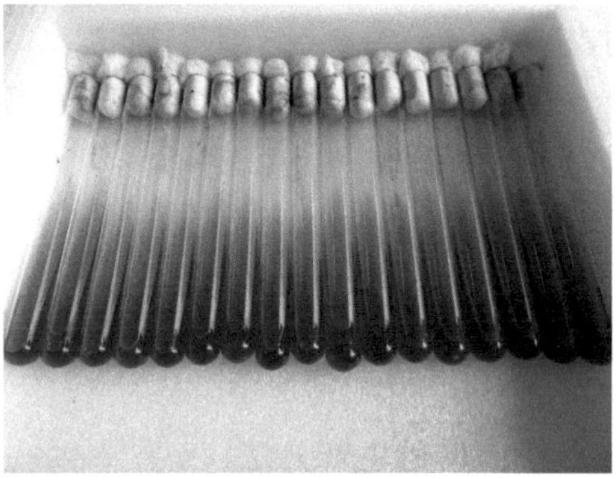

图5-8　将试管培养基摆成斜面

（5）接种、培养

① 接种方法。在无菌条件下，按无菌操作转接试管，每支试管内的母种一般可转接15～20支。试管正面的上方贴上标签，写明菌种编号、接种日期、接种人。在生产中为缩短培养时间，可以采取3点接种法（图5-9）。

② 培养。培养箱中培养，温度前期设置为25℃，长到一半时调整为22℃，12～15天即可长满斜面。

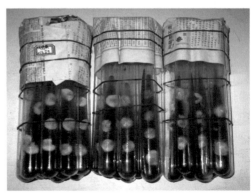

图5-9　3点接种法

（6）双孢菇母种的保藏

常在4℃冰箱中保藏，一般2～3个月转管一次。

七、原种及栽培种生产

原种及栽培种生产也可称为麦粒菌种的生产。因为麦粒易滚动，有"四面开花"的效果，所以双孢菇原种、栽培种培养基常用麦粒。生产工艺：选麦→洗麦→浸泡→沥干→水煮→加入辅料拌匀→装瓶→灭菌→冷却→接种→培养→检查→成品。

1. 原种、栽培种培养基常用配方

配方：麦粒100kg、腐熟干牛粪粉15kg、石膏2kg，含水量55%，适量石灰（约0.5kg）调节pH值至7.5～8.0。

2. 原种、栽培种具体生产方法

（1）配方称量

首先根据配方准确称量麦粒、腐熟干牛粪粉及石膏、石灰。一般可用750ml菌种瓶，每瓶用小麦（干）0.20kg（若用聚乙烯袋每袋用干小麦0.3kg），根据配方并结合灭菌锅的容量，计算牛粪及石膏粉的量，计算后称量。

（2）牛粪预处理

牛粪破碎后过筛，按1：1.3加水拌匀，堆积发酵15～20天，牛粪粉变为褐色有清香气味后，晒干、过筛备用。

（3）选麦、洗麦、泡麦

选择干净、无霉变、无虫蛀（虫蛀后的麦粒有孔洞，淀粉易流出）、未发芽、籽粒饱满的优质小麦。选好后用清水将小麦冲洗2～3遍，除去灰尘、麦糠等杂物。

（4）泡麦、煮麦、晾晒

在拌料前，小麦可采用泡麦和煮麦两种方法。

① 泡麦。制种前用pH10的石灰水（约1%石灰）浸泡小麦，夏天一般浸泡10-12h，春秋季气温低时浸泡15～20h。浸泡后要求基本无白心，不发芽。

② 煮麦。将小麦在锅内水沸腾后煮20～30min，使麦粒从米黄色转为浅褐色，达到"无白心、不开花"的标准。

③ 晾晒。将麦粒捞出，铺在可滤水的器具内（如筛子）滤去多余的水分后，略晾晒，以表面不见水膜为度。如无过滤器具，也可迅速将小麦倒在事先消毒干净的水泥地面，铺3～5cm厚，晾去表面水分。待麦粒底层不积水，麦粒表面不黏水时，收成一堆（图5-10、图5-11）。

图5-10　煮麦

图5-11　晾麦

（5）拌麦

拌麦时在煮好的麦粒边加入腐熟干牛粪粉、石膏，边喷石灰水调节含水量和酸碱度，使含水量为55%、pH为7.5～8.0。高温时可喷0.1%g霉灵预防杂菌。

（6）装瓶、装袋

① 装瓶：通常选用容量750ml、瓶口内径3cm、耐126℃高温的无色瓶子，装量为瓶高的3／4，每瓶填干麦粒0.20kg。

② 装袋：通常选择规格为15cm×28cm×0.004cm的耐126℃高温的聚丙烯塑料袋。每袋装配制好的料300g，套上双套环或塞上棉塞。

（7）灭菌、冷却

采用高压灭菌方式，0.15MPa保持2h。压力下降至零后，取出菌种瓶（袋）移入清洁和除尘处理后的冷却室，冷却到适宜温度。

（8）接种

① 原种的接种（接种箱接种）。将冷却后的培养基装入接种箱，同时放入母种和接种工具，用甲醛和高锰酸钾混合熏蒸30min。也可用气雾消毒剂二氯异氰尿酸钠（4g／m³）熏蒸。

接种前双手经75%的乙醇表面消毒后伸入接种箱，点燃酒精灯，对接种工具进行灼烧灭菌。然后将菌种瓶放到酒精灯一侧，松动棉塞。左手拿一支母种，右手拿接种钩（铲），右手小拇指和无名指夹住试管的棉塞并拔出，用接种钩挑取1.2～1.5cm²厚3mm的母种块，再用小拇指和掌根取下瓶口的棉塞，迅速转移到原种培养基的表面中央，一般菌丝面向上，重新盖上试管和原种瓶的棉塞。重复以上操作，一般每支母种接5瓶原种。

② 栽培种的接种（接种室接种）。培养基灭菌结束后，一般应待其温度自然降至28℃以下或常温时，再移入接种箱或接种室内进行常规接种。接种过程与原种接种相似，只不过原种生产是将母种接入原种培养基，而栽培种生产是将原种接种到栽培种培养基。由于栽培种生产量大，所以可以在接种室内进行接种。

接种时，拔去原种上的棉塞，用消毒冷却的接种铲将原种表面老化的菌种去掉，再换一个消毒冷却的接种铲将原种上层的1／3划散，然后取下栽培种培养基上的棉塞，套上一个大小适宜的消毒漏斗，将少量原种倒入栽培种培养基中，使原种均匀分布于培养基表面，用棉塞塞住瓶（袋）口。反复进行以上操作，当已划散的菌种用完后，再划下面1／3的菌种，接完后再划底层1／3菌种进行接种。一般每瓶原种接种栽培种30瓶。接种全部完成后移到培养室的培养架上，注明品种名称、接种日期、接种人姓名等，按菌种生产条件进行培养。

（9）发菌

培养室应调温至23～25℃，尽量不超过28℃，空气相对湿度低于40%～50%。培养室应避光、适量通风。培养阶段尽量采用空调设备降温，一直在高温条件下培养的菌种，播种后不易吃料，发菌慢。培养期间尽量减少人员出入，要做好病虫害的检查工作，对发生的各种污染，应严格剔除并移出培养室，分类处理。麦粒基质原种35～40天长满，栽培种30～40天长满。菌种须在发满菌后再继续维持5～7天，此时是最佳菌龄（图5-12）。

图5-12　发菌

（10）原种或栽培种保藏

空调房间内4～5℃保藏，以防菌丝退化。

3．注意事项

① 麦粒菌种生产主要环节是煮麦粒环节，一定要注意煮的程度，达到"无白心、不开花"的标准（图5-13）。因为麦粒开花后，黏度大，灭菌不容易彻底，而且接种后容易感染杂菌。

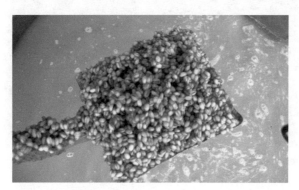

图5-13　煮好的小麦

② 在生产中最大的问题是菌种容器的透气问题，今后应加大透气性好的菌种瓶和菌袋的使用，生产出质量更高的双孢菇菌种。透气性好的菌种瓶一般容量为750ml，瓶口内径4cm，为透明或近透明的耐126℃高温的聚丙烯塑料瓶（图5-14～图5-19）。

图5-14　菌种瓶盖"三套件"　　图5-15　将透气塞放在套环上　　图5-16　盖上盖

图5-17　耐高压菌种瓶

图5-18　装入麦粒

图5-19　菌种瓶盖上盖

透气性菌袋一般使用耐高温的具孔径0.2～0.5μm无菌透气膜的聚丙烯塑料袋，长宽厚一般为35cm×18cm×50μm。上有透气膜1个，大小为5.5cm×5.5cm（图5-20）。

图5-20　透气性菌袋

第三节　双孢菇的栽培场所及季节

一、双孢菇的栽培场所

蘑菇房应选择在交通方便，水、电供应便利，地势高燥，地质坚硬，接近水源又易排水无旱涝威胁的地方。周围环境应清洁卫生，通风条件好，距离菇房500m内无畜禽圈舍，3000m内无化工厂等有污染的工厂。场地应开阔，靠近菇房有一定的堆料场所。菇房是蘑菇生长的场所，它是为满足蘑菇对温度、湿度、光照、空气等生活条件，避免外界复杂多变的环境条件的不利影响而设置的棚舍。其基本要求：保湿、保温、通风性能好，能使空气进得来、排得出。其他要求有菇房空间小气候相对稳定，菇房内外环境清洁卫生，四周有足够的供、排水设施，污染源少而易于清洗，利于病虫害的控制。双孢菇的栽培场所主要有蘑菇专用菇房、钢管蘑菇大棚、多层砖瓦栽培菇房、日光温室、冷棚，下面主要介绍前3种。

1．蘑菇专用菇房

菇房通常高长12～15m、宽5～10m、边高5m，中高6m。床架排列方向与菇房方向垂直，床架用不锈钢或防锈角钢制作，长10～12m、宽1.4m。菇床分5～6层，底层离地0.40m，层间距离0.60m，顶层离房顶2m，栽培面积在200～350m^2。床架间通道下端开设2～4个百叶扇通风窗。菇房墙体和屋顶通常采用10cm厚的彩钢泡沫板铆接而成，或者通过在砖瓦房内部填充聚氨酯泡沫层而成。菇房的通风通过安装在菇房内部的循环通风机进行调节，循环通风机连接外部通风管、菇房内部的回风风管和温度调节系统，可通过计算机芯片程序进行新风和循环风比例的调控，以满足菇房内有充足的氧气和合适的温度、湿度需求（图5-21）。

图5-21　蘑菇专用菇房

2．钢管蘑菇大棚

钢管蘑菇大棚是近几年针对传统毛竹塑料大棚存在火灾风险大、床架层数多、操作繁重等问题，发展起来的新型蘑菇栽培措施。主要以提高型蔬菜钢管大棚为骨架，菇棚长20～22m、宽8m、中高3.8m、肩高2.0m，外加上保温遮阳层，由内向外分别为保温长寿无滴膜、硅酸盐棉（绒毯）、无滴膜、双色反光膜。大棚内部设3排栽培架，中间一排设5层床架，两边各设4层床架，层高0.6m，走道宽0.8m。大棚北端每个走道上方安装排风扇，调节通风量（图5-22）。

图5-22　钢管蘑菇大棚

3．多层砖瓦栽培菇房

这种模式的菇房通常长18.5m、宽9m、边高5m、中高6m。床架排列方向与菇房方向垂直，共6层架子。上三层架子长9m、宽1.1m，10列架子总面积=9m×1.1m×10×3=297m^2；下三层架子长8m、宽1.1m，10列架子总面积=8m×1.1m×10×3=264m^2，净生产面积共561m^2。床架底层离地0.30m，层间距离0.60m，走道宽0.8m，顶层离房顶1.5m。前后墙对着走道上下分别留4个0.3m×0.4m的通风窗，第1个通风窗距地面0.30cm。床架间通道中间的屋顶设置拔风筒，其顶端装风帽，大小为筒口2倍，帽檐与筒口平。菇房在中间通道或第2、第4、第6通道开门，门宽1.0m、高1.8m，宽度与通道相同，门上开设地窗。地面用混凝土浇灌，屋顶用大片石棉瓦呈瓦状覆盖。这种菇房的保温保湿性能有了明显提高，通风良好（图5-23）。

图5-23　多层砖瓦栽培菇房

二、双孢菇的栽培季节

1．一年一周期生产安排模式

北方冬季长，以辽宁地区的气候特点为例，春季低温时间也长，自然气温适于出菇的时间只有当年10月上旬至11月中旬及翌年4月中旬到5月中旬。其中第一个时间段的产量对总产量起着决定性的作用。因此，必须抓住8月中旬至9月上旬这段时间进行播种，以求获得尽可能长的出菇适期。该期的生产特点是：料厚25～28cm，每平方米用湿料100kg，折合干料35kg，产菇约13kg。采用地面畦床栽培时，每亩投入总体成本约20000元，产菇约5000kg，价格按8元/kg计算，收入约40000元，纯收益约20000元。如采用层架式栽培，生产成本和经济效益都相应增加。根据生产程序，生产工艺流程如下。

① 12月至次年6月，收集、贮存粪草，并防止粪草发酵霉变。

② 菌种制作：6月中上旬制作原种；7月中旬制作栽培种。

③ 7月份将畜粪晒干备用，麦秸晒干上垛备用，防止雨淋后发霉变质。

④ 8月份以前做好菇房修建、整理和消毒工作。

⑤ 培养料堆制发酵（8月中旬）。

⑥ 播种发菌培养（9月上旬）。

⑦ 覆土管理（9月下旬）。

⑧ 秋菇期管理（10月中旬到12月上中旬）。

⑨ 越冬期管理（12月中旬至第二年3月中旬）。

⑩ 春菇期管理（3月上中旬至4月中下旬）。

⑪ 生产结束，清除废料（5月）。

2．一年双周期生产安排模式

根据北方气候、原料条件，以及近年的生产实践，每年安排两个周期更为有利。

（1）首轮栽培（秋栽） 利用当年收集的麦秸，于8月上旬开始建堆发酵，8月中下旬进行后发酵，9月初接种，9月底覆土，10～12月底出菇。该期生产特点是：铺料较薄，利于散热，营养利用充分。一般铺料厚15～18cm，每平方米用湿料50kg，折合干料18kg，产菇约10kg。由于这段时期气温较高，容易进行二次发酵，这样可以减少病虫害，提高栽培效益。为了提高菇房利用率及降低发酵成本，多进行层架式栽培。

（2）二轮栽培（冬栽） 12月下旬当秋栽结束后，利用当年的玉米秸秆进行栽培。一般11月下旬建堆，采用一次发酵约30天，12月下旬铺料接种，冬季低温发菌，翌年3～6月出菇。该期生长特点是：铺料较厚，利于保温，营养充足，有利于提高单位面积产量。料厚20～25cm，每平方米用湿料80kg，折合干料28kg，产菇约12kg。由于气温低时很难进行二次发酵，而且低温季节杂菌、害虫活动较少，所以一般采用一次长发酵。

3. 工厂化周年生产安排模式

传统单区制栽培，从二次发酵到清理菌床，整个过程均在出菇室内完成，栽培周期需要83天，一年栽培4次；双区制栽培，二次发酵、播种与发菌培养均在养菌室内进行，覆土及出菇管理在出菇室内进行，一个栽培周期为62天，每年栽培5～8次；三区制栽培，在双区制栽培基础上，二次发酵单独在发酵室内进行，播种与发酵培养在养菌室内进行，只有覆土及出菇管理在出菇室内进行，栽培周期和年栽培次数同双区制栽培。三区制栽培与单区制栽培相比较，栽培周期缩短21天，每年多栽培1.5次，即每生产一批双孢菇，节约出菇室利用时间21天，出菇室每年多栽培1.5次，提高了菇房利用率和产能。工厂化栽培每平方米用湿料100kg，折合干料35kg，产菇约20kg。

（1）**生产工艺流程**　备料（4天）→一次发酵（14天）→二次发酵（7天）→播种及发菌培养（14天）→覆土（7天）→耙土（4天）→降温催蕾（8天）→出菇（41天）→清理菌床（2天）。

（2）**投入和经济效益**　一个种植面积450m²的工厂化控温菇房投入和经济效益如下。

① 总投入

投料：每平方米投料35kg，种植面积450m²，总投料15.75t，费用总计27000元。

菌种：每平方米2瓶，菌种总量900瓶，每瓶菌种3元，共计2700元。

覆土：3000元。

人工：4000元。

电费：9000元。

一个周期总投入：45700元。

四个周期总投入：182800元。

② 总产出

总产量：每平方米产菇20kg，450m²产菇9000kg。

总产出：按每千克9元计算，9000kg共计81000元。

一个周期总产出：81000元。

四个周期总产出：324000元。

③ 总效益

一个周期总效益：总产出—总投入＝81000元－45700元＝35300元。

四个周期总效益：35300元×4＝141200元。

第四节　双孢菇栽培原料及培养基配方

一、栽培原料及特性

双孢菇是一种典型草腐菌，野生双孢菇往往生长在腐熟的粪草堆上，所以人工栽培双孢菇一般都采用粪草培养基。双孢菇培养料必须能够提供双孢菇生长必需的碳源、氮源、无机盐和生长因子，而且这些营养物质必须具有合适的比例。

1．主要原料

在栽培料中所占比例较大的原料称为主要原料，简称主料。主料占培养料总量的90%～95%。蘑菇栽培的主料多为农业生产中的副产物，常用的主料有秸秆（稻草、麦秸、玉米秸等）、畜禽粪（牛粪、鸡粪等）以及各种饼肥，近年来棉籽壳、玉米芯也用作栽培主料。

（1）秸秆　一般作物秸秆都可使用，含碳量为45%左右，含氮量只有0.5%～0.7%，主要作用是保持培养料合适的物理性状并提供碳源。秸秆需求量大，应适时收集并妥善保管。

① 稻草。稻草是栽培双孢菇和草菇等草腐型食用菌的主要原料，有早季稻、中季稻和晚季稻之分。早季稻秸秆柔软，发热后极易腐熟，影响培养料的透气性，一般较少采用；中、晚季稻是比较理想的栽培原料。不同来源和不同品种稻草的化学成分差别较大，一般认为干稻草的有机物含量为78.60%，可溶性糖类为36.90%，磷和钾的含量分别为0.11%和0.85%。稻草可与麦秸混用，也可单独使用。

② 麦秸。常用大麦麦秸和小麦麦秸，1亩小麦约产麦秸400kg，大麦麦秸优于小麦麦秸。干大麦麦秸中有机物含量为81.20%，可溶性糖类为34.60%。在灰分中磷和钾的含量分别为0.19%和1.07%。干小麦麦秸中有机物含量为81.10%，可溶性糖类为35.9%，含碳量为47.03%，含氮量为0.48%，碳氮比（C／N）为98：1，磷和钾的含量分别为0.22%和0.63%。麦秸通气性较好，但秆较硬，蜡质层厚，腐熟慢。麦秸应晒干备用，干燥贮存。在实际生产中，麦秸多与稻草混合使用，一般占总用量的1／3。麦秸在使用前最好用石碾等压扁，使茎秆变软，利于吸水发酵。

③ 玉米秸。在我国，尤其是北方地区有大量的玉米秸秆（图5-24），近年来利用玉米秸栽培双孢菇的规模快速扩大。玉米秸有机物含量为80.50%，可溶

图5-24　玉米秸秆

图5-25　玉米芯

性糖类为42.70％。在灰分中磷和钾的含量分别为0.38％和1.68％。玉米秸秆需选无霉变的，晒干后用粉碎机粉碎成3～5cm，如没有粉碎机则用铡刀铡成5～8cm。一般10月末采收，可11月初加工备用，如11月发酵可12月栽培春季出菇。也可贮存到第二年8月发酵，但不如第二年用刚下来的好。当年产的鲜玉米秆含水量过大，须晾晒几天，含水量降到30％时再用。

④ 玉米芯。玉米芯是玉米果穗脱去籽粒的穗轴（图5-25），占玉米棒重量的20％～30％，含碳量为42.3％，含氮量为0.48％，碳氮比为88.13∶1。玉米芯要新鲜、无霉变、整个贮存，用时用粉碎机粉碎成1cm颗粒（花生米大小）。玉米芯含碳比例较高，从生物结构来看海绵组织较多，吸水性好，可视为保水剂，并且还有"桥"的作用，可提高培养基的空隙度，便于菌丝蔓延。利用玉米芯栽培双孢菇，扩大了原料来源，比麦草栽培双孢菇省工。

⑤ 棉籽壳。棉籽壳已广泛应用于各种食用菌的栽培，但大面积利用棉籽壳生产双孢菇还是近几年的事。棉籽壳以其优良的物理性状和丰富的营养成分逐渐受到菇农的青睐。其质地松软，持水性好，含水量为9.1％。棉籽壳有机质含量为90.9％，其中粗蛋白含量为6.20％，纤维素（含木质素）为81.31％，其碳氮比为27.6∶1。和秸秆相比，棉籽壳的透气性略差，生产中一般添加15％～30％的碎草更好。最好选用色泽为灰白色、绒少、手握之稍有刺感，并发出"沙沙"响声的棉籽壳。此外，棉籽壳力求新鲜、干燥、颗粒松散、无霉变、无结团、无异味、无螨虫。

⑥ 杏鲍菇菌渣。工厂化生产杏鲍菇只采收一潮菇，发菌、出菇时间约70天，菌渣中还有大量已被菌丝分解而尚未利用的营养，如丰富的菌体蛋白、氮源和碳源。生产规模达到日产2万袋以上的工厂满负荷生产，年产菌渣6000～7200t，原料来源充足。菌渣120元/t，价格较稻草低，比稻草节约原料成本。利用菌渣种植双孢菇既实现了杏鲍菇工厂大量菌渣综合利用问题，又减少污染。采菇后的杏鲍菇菌渣经过脱袋粉碎、晒干（含水量13％），干燥时间尽量要短，干燥后装

袋于通风处保存，保持菌渣干燥，否则易霉变。若季节合适则可将采后的杏鲍菇菌渣经脱袋粉碎后立即使用。

（2）**粪肥** 粪肥是双孢菇生产中需要量仅次于秸秆的主要原料，使用量一般占培养料总量的35%～60%，主要作用是保持培养料合适的物理性状并补充培养料中氮源的不足。秸秆需求量大，粪肥的种类很多，牛、马、猪、羊、鸡、鸭、鹅等动物的粪都可使用。粪肥因其来源不同，其营养成分也不一样，各有优缺点。

① 牛粪。牛是反刍动物，饲料消化彻底，特别是食用青草的耕牛及牧牛，其粪养分不高。干牛粪含氮量为1.65%，比马粪含氮量高，奶牛粪含氮量次之，为1.33%。一头成年牛全年粪便大约可栽培50m²双孢菇。牛粪营养虽然不是很高，但后劲足，在一些地区数量大，是较理想双孢菇种植材料，但其性热、质黏，使用时最好晒干打碎。栽培时要根据牛粪质量确定其具体用量，还要适量添加含氮量高的其他辅料。若与含氮量高的猪粪、鸡粪混合搭配使用更为理想。

② 驴马粪。性热，质松，保水性强，发酵效果好，碳氮比为21∶1，是很理想的粪肥。含氮量比牛粪、猪粪低，仅为0.58%。因其含氮量不高，使用时要通过增加饼肥或尿素等含氮化肥提高含氮量。

③ 猪粪。含氮量为2%，磷、钾含量也较高，其中速效氮含量较高，为速效性粪肥。但猪粪性冷、质黏，发酵时升温慢。用猪粪种双孢菇，出菇快而密，但菇形小，菇质欠佳，易早衰，前期产量高，后期产量低。使用猪粪时也应适量增加含氮辅料，生产上采用猪牛粪混合堆料，能使双孢菇前后期产菇量较为均衡。需要注意的是，含土或草的猪厩肥含氮量为0.45%，比纯猪粪低得多。

④ 鸡粪。新鲜鸡粪中含水量50%，有机质25.5%，氮1.65%，磷1.54%，钾0.85%。鸡粪的营养成分较全，氮含量高，堆料发热快、温度高，但碱性强、黏度大，不宜大量使用。如果采用鲜鸡粪且未经发酵，则双孢菇菌床和菇体易感病。烘干鸡粪的含氮量约为3%，此外还含有双孢菇高产所必需的脂肪以及未消化完全的饲料颗粒，大都是碳水化合物（占有机物的45%～50%）。生产实践证明，烘干鸡粪作为堆肥的优良添加物，效果相当好。

⑤ 羊粪。含碳较少，质地又细，不宜大量使用，必须与其他粪肥搭配才能使用。代替部分猪粪、牛粪，栽培效果也很好。

（3）**饼肥** 饼肥是花生饼、豆饼、菜籽饼、棉籽饼等的通称，含氮量高，是双孢菇生长的良好氮源，一般添加量为培养料总量的2%～5%。

2．辅助原料

辅助原料简称辅料，约占培养料总量的5%。其作用是补充营养，改善理化性状，加快发酵速度。因辅料所起作用不同，常在发酵时分批加入。

（1）**化肥** 主要用尿素和碳酸氢铵等，在添加氮肥时要注意宜早不宜迟，否则培养料后期氨气过重影响发菌，且不能与石灰同时混合使用。

（2）矿物质

① 过磷酸钙。双孢菇堆料中添加过磷酸钙，可补充磷、钙素的不足，同时磷能促进微生物的分解活动，有利于堆料发酵腐熟，还能与堆料中过量游离氨结合形成氨化过磷酸钙，防止堆肥中铵态氮的散失。过磷酸钙是一种缓冲物质，具有改善堆肥理化性状的作用。过磷酸钙使用量一般为0.5%～1%，注意不要与石灰一起混合使用。

② 石膏。即硫酸钙，其微溶于水。培养料中添加石膏，一方面直接为蘑菇生长提供硫、钙等营养，而且可使秸秆表面的胶体粒子、腐殖质等凝结成颗粒结构而沉淀下来，产生凝析现象，使黏结的料堆变松散，形成有利于氨气挥发、通气性良好的物理结构，提高了培养料的持水性和保肥力。石膏用量为培养料干重的1%～2%。

③ 石灰。为碱性物质，常用作消毒剂、杀菌剂和防潮剂。其不仅可以调节酸碱度和补充钙元素，还可降解培养料中农药残留量，被誉为双孢菇栽培的"万金油"。石灰的用量一般为料干重的1%～2%，石灰一般在第一次建堆时开始加入，并视培养料的酸碱度情况逐次加入。

④ 碳酸钙。碳酸钙除补充钙素外还能中和菌丝生长时产生的有机酸，使堆肥的pH值不致下降过低，其用量一般为堆肥干重的1%～2%。

二、培养料配方

常用配方推荐见下方内容。

配方中的草（麦草、稻草、玉米秸秆等）指的是各种农作物秸秆的单一材料或混合物，粪（牛粪、猪粪、鸡粪、羊粪等）指的是单一粪肥或多种粪肥混合物。

（1）**草粪等量配方（每亩用量）** 草2000kg、粪2000kg、饼肥50kg、尿素30kg、过磷酸钙30kg、石膏粉50kg、碳酸钙40kg、石灰40kg。C／N=30/1、含氮量1.54%。

（2）**草多粪少配方（每亩用量）** 草2500kg、粪1500kg、饼肥50kg、尿素28kg、碳酸氢铵30kg、磷肥30kg、石膏50kg、碳酸钙40kg、石灰40kg。C／N=30/1、含氮量1.47%。

（3）**草少粪多配方（每亩用量）** 草1500kg、粪2500kg、饼肥50kg、尿素20kg、过磷酸钙30kg、石膏50kg、碳酸钙40kg、石灰40kg。C／N=29/1、含氮量1.52%。

（4）**玉米秸秆配方（每亩用量）** 玉米秸秆4500kg、玉米芯4500kg、牛粪6000kg、豆饼或棉籽饼300kg、尿素75kg、过磷酸钙150kg、石膏150kg、石灰150kg。C／N=31/1、含氮量1.48%。

（5）**杏鲍菇废料配方（每平方米用量）** 杏鲍菇干菌渣20kg（折合湿料

45kg）、干牛粪15kg、过磷酸钙0.5kg和轻质碳酸钙0.25kg。C／N=28/1、含氮量1.55%。

（6）工厂化培养料配方 干麦秆53%～55%、干鸡粪或牛马粪42%～47%、石膏3%～4%、尿素0.2%、豆粕2%。

以栽培面积480m²的菇房（一间长50m，宽5m，高5m的菇房）为例，需要优质麦秸28t、鸡粪22t、石膏2.2t、尿素90kg、豆粕1.2t。

三、碳氮比及计算

碳氮比是培养料中碳的总量与氮的总量的比值，它表示培养料中碳氮浓度的相对量。培养料碳氮比（C／N）是否合理，与培养料发酵好坏密切相关，直接影响双孢菇的出菇时间和产量。培养料中适宜的碳氮比在发酵前为（30～35）：1，发酵结束后降为（17～18）：1，出菇结束后废料中只有（11～15）：1。培养料发酵时，高温微生物繁殖会分解大量碳素营养，产生大量能量，其中一部分能量用于微生物自身生长繁殖需要，大部分能量以热能的形式释放出去，而氮素营养却转化为菌体蛋白保留了下来。培养料中若氮素过少，会明显影响双孢菇的产量，若氮素过多，会导致出菇困难，同时也增加了种菇成本，造成不必要的浪费。因此培养料的配方中一定要计算好合理的碳氮比。常用原料碳、氮含量及碳氮比见表5-1。

表5-1 常用原料碳、氮含量及碳氮比

类别	原料名称	C/%	N/%	C／N	类别	原料名称	C/%	N/%	C／N
草料	麦草	46.5	0.48	96.9	粪肥	马粪	12.2	0.58	21.0
	大麦草	47.0	0.65	72.3		黄牛粪	38.6	1.78	21.7
	玉米秆	46.7	0.48	97.3		奶牛粪	31.8	1.33	23.9
	玉米芯	42.3	0.48	88.1		猪粪	25.0	2.00	12.5
	棉籽壳	56.0	2.03	27.6		羊粪	16.2	0.65	24.9
	葵籽壳	49.8	0.82	60.7		干鸡粪	30.0	3.00	10.0
农产品下脚料	麦麸	44.7	2.20	20.3	化肥	尿素CO（NH2）2	46.0		
	米糠	41.2	2.08	19.8		碳酸氢铵 NH₄HCO₃	17.5		
	豆饼	45.4	6.71	6.8		碳酸铵（NH₄）₂CO₃	12.5		
	菜籽饼	45.2	4.60	9.8		硫酸铵（NH₄）₂SO₄	21.2		
	啤酒糟	47.7	6.00	8.0		硝酸铵 NH₄NO₃	35.0		

培养料发酵前的碳氮比的计算方法为，先将湿料折算成干料，再分别计算出各种原料中的总碳量和总氮量，然后算出总碳量和总氮量的比值即为碳氮比。例如：培养料用干麦草2000kg、干牛粪2000kg、菜籽饼50kg，其碳氮比和需要添加的尿素计算如下：

麦草含碳量 = 2000kg × 46.5% = 930kg

奶牛粪含碳量 = 2000kg × 31.8% = 636kg

菜籽饼含碳量 = 50kg × 45.2% = 22.6kg

总含碳量 = 930kg + 636kg + 22.6kg = 1588.6kg

麦草含氮量 = 2000kg × 0.48% = 9.6kg

奶牛粪含氮量 = 2000kg × 1.33% = 26.6kg

菜籽饼含氮量 = 50kg × 4.6% = 2.3kg

总含氮量 = 9.6kg + 26.6kg + 2.3kg = 38.5kg

碳氮比 = 1588.6kg ： 38.5kg = 41.26 ： 1

发酵前碳氮比应为（30 ~ 35）：1，主料中含碳量偏多，含氮量偏少，还应添加氮素。总含氮量应为1588.6kg ÷（30 ~ 35）= 45.39 ~ 52.95kg，还需要加氮素（45.39 ~ 52.95）kg - 38.5kg = 6.89 ~ 14.45kg。折合尿素（6.89 ~ 14.45）kg ÷ 46% = 14.98 ~ 31.41kg或碳酸氢铵（6.89 ~ 14.45）kg ÷ 17.5% = 39.37 ~ 82.57kg，即还需添加尿素14.98 ~ 31.41kg或碳酸氢铵39.37 ~ 82.57kg。

四、培养料中含氮量及计算

氮素也是双孢菇生长发育的一种重要营养成分，碳氮比只能反映碳素与氮素的比例关系，主要影响双孢菇出菇的快慢，而培养料中氮素的绝对含量则代表营养水平的高低，直接决定双孢菇的产量。培养料含氮量过低双孢菇产量不高，含氮量过高会使料发酵后容易导致氨气过重影响双孢菇的生长。高产配方中发酵前含氮量最低要达到培养料干重的1.5%，最高不超过1.7%。上面例子中的添加尿素前含氮量为38.5kg ÷ [（2000 + 2000）kg × 0.85] = 1.13%，含氮量偏低；添加尿素后含氮量为（45.39 ~ 52.95）kg ÷ [（2000 + 2000）kg × 0.85] = 1.34% ~ 1.56%（其中乘0.85是要减去料中15%的水分）。因此，添加尿素31.41kg（或碳酸氢铵82.57kg）后含氮量比较合适（含氮量1.56%）。

根据以上碳氮比和含氮量两方面的计算综合考虑，配方中应添加尿素约30kg或碳酸铵70kg较好。

第五节　双孢菇发酵技术

　　我国在20世纪80年代前一般对培养料进行一次发酵，即建堆后依靠微生物活动自发增温而达到发酵的目的。由于堆温内外不均，杂菌杀灭不彻底，栽培中杂菌污染率较高，产量偏低。20世纪70年代后期，香港中文大学张树庭教授首次将国外先进的二次发酵技术引进到国内，并逐渐在国内推广，极大地促进了我国双孢菇种植业的发展。国外对培养料的发酵多采用隧道式集中发酵，工业化程度较高；国内小部分企业主要采用隧道式集中发酵，大部分企业采用分散式的室内床架式二次发酵。下面分别介绍一下一次发酵和二次发酵技术要点。

一、双孢菇一次发酵

　　一次性发酵时间要长一些，翻堆次数相应多一些，适用于无条件进行二次发酵的地方使用。以秸秆为主要原料的发酵料，共需发酵22～27天，翻堆4～5次，翻堆时间间隔一般为6天、5天、4天、3天、3天，具体还要看料温情况缩短或延长1～2天。料温上升快，翻堆提前；料温上升慢，翻堆推后。双孢菇一次发酵日常安排和操作要点见表5-2。

表5-2　双孢菇一次发酵日常安排和操作要点

日程	步骤	操作内容	注意事项
提前3～5天	预湿	将切短的秸秆和粉碎的粪充分预湿	秸秆浸没1%石灰水吸足水，含水量约70%，pH9～10
第1天	建堆	秸秆和粪分层堆积，尿素分层添加	补充水分至含水量70%，尿素全部加入
第7天	一翻	混合均匀翻堆，添加过钙总量的1/2	生料内翻、熟料外置，含水量以用手紧握培养料，可挤出5～7滴水为度
第12天	二翻	充分搅拌均匀，添加过钙总量的1/4和石膏总量的1/2	生料内翻、熟料外置，含水量以用手紧握培养料，可挤出3～4滴水为度
第16天	三翻	充分抖松、搅拌均匀，添加过钙总量的1/4和石膏总量的1/2	含水量以用手紧握培养料，可挤出1～3滴水为度
第19天	四翻	翻堆宽度不变，高度降低到1m左右，长度随之改变	含水量以用手紧握培养料时，指缝间滴1～2滴水为好。pH8～9之间，切忌雨淋
第22天	五翻	充分抖松、搅拌均匀	检查有无残存的氨气和害虫。氨味重喷少量甲醛中和，如有虫喷0.5%敌敌畏灭虫

1．建堆场地的选择

要求向阳、通风、清洁、运输方便，距水源和菇房要近，以利建堆用水和堆料发酵后趁热快速进房。堆料场地势要高，四周要开好排水沟，排水要通畅，要保证下雨天料堆不遭水淹。

2．主、辅料的预湿

因为麦草、玉米秆等原料的表面都有一层蜡质层，建堆前原料最好先预湿。粪也要湿透，若粪干没湿透，内心还有白块，将来巴氏消毒就不能彻底。草料的预湿在建堆的前3～4天进行，粪肥的预湿在建堆的前5～7天进行。

（1）**粪预湿**　在建堆前5～7天，先将晒干的粪肥用粉碎机打碎，然后加水建堆，含水量50%～55%。堆高1m，宽2m，长不限。建堆后高温层温度达55℃翻堆，一般需翻2次。粪预堆后，氨气挥发，臭味减少了，初步培养了一些有益的微生物类群，粪肥疏松，病虫得以初步消除，为进一步发酵打好基础。

（2）**秸秆预湿**　堆制前3～4天预湿，应掌握越透、越匀越好，做到宁勿干。预湿方法最好是秸秆在池中用1%的石灰水浸泡，让其吸足水分，

pH9～10。也可采用平地预湿，即硬化地面上平铺草料50cm厚，然后喷水让其充分吸水；第二天堆成1m高的堆，改喷1%的石灰水，边踩实边浇水；第三天继续喷水，让其湿透、湿匀，堆完后边缘有水珠呈线状流下，含水量65%～70%（即用力拧一下秸秆，以能看到有水渗出而不下滴成线为度）。切勿在预湿中直接撒石灰粉，石灰不均匀影响发酵效果（图5-26）。

图5-26　玉米秸秆预湿

（3）**玉米芯预湿**　堆制前1天预湿，含水量58%～60%，堆宽1.8～2.5m、高1.5-1.8m、长度不限的堆。

（4）**饼肥预湿**　饼肥在建堆前1天粉碎加水预湿，含水量60%为宜。

3．培养料建堆

（1）**建堆时间**　确定当地适宜播种期后，再向前推18～20天，即为建堆时间。

（2）**建堆方法**　料堆要求南北走向，受光均匀。一般堆高1.5～1.8m（低温季节高些，高温季节低些），宽2～2.5m（低温季节宽些，高温季节窄些），

四边上下基本垂直，堆顶呈龟背形，不要建成三角形，因为高温区少，发酵效果差。建堆时先铺一层厚15cm、宽2.0m预湿的秸秆，长度视培养料的多寡而定，再在秸秆上铺一层厚5cm的粪。以后一层秸秆一层粪，直到堆高1.8m，顶层为粪肥层。建堆后的培养料含水量为75%，pH值达到8.0～8.5。为了增加透气性，料中用锹耙间距一尺打孔到底透气，雨天盖薄膜防雨，晴天盖草帘子防晒。为了防治病虫害，在料面喷杀虫杀菌剂，建堆完毕，用1∶500倍敌敌畏或金星消毒液将料堆表面全部喷洒一遍。堆完后用草帘盖住保湿，雨天加盖塑料布防雨淋（雨后立即撤去，防止闷料厌氧）（图5-27、图5-28）。

图5-27　建好的堆

图5-28　雨天加盖塑料布防雨

4．培养料翻堆

（1）**翻堆的原因**　建堆24h后，堆内温度上升，堆肥内、外产生了温差，进而促使空气从料堆侧面流进堆肥中部并从顶部排出而产生"烟囱效应"。料堆经过几天的"烟囱效应"造成发热后，料堆内外的温度、水分差别太大，就必须把料堆扒开、抖散、充分地混合，然后再堆起来。

（2）**翻堆的目的**　就是通过对粪草的多次翻动，把外层冷却区与好气发酵区（放线菌活跃区、最佳发酵区）和厌气发酵区的粪草互换位置，排出料堆发酵时产生的废气，检查和调节培养料的水分、pH值，加入辅料改善料堆各部位的通气、供氧，满足微生物繁殖活动和要求，促使料堆温度再次升高，促进培养料分解转化、腐熟均匀。翻堆次数取决于培养料腐熟的快慢程度，快则少，慢则多，一般为4～5次。

（3）**料堆的层次及发酵特点**　料堆中的温度分布不均匀，从外到内一般分为外层冷却区、放线菌活跃区、最佳发酵区、厌氧发酵区。不同区分布图见图5-29。

不同区的发酵特点如下。

① 外层冷却区。是和外界空气直接接触的料堆表层，也是微生物的保护层，

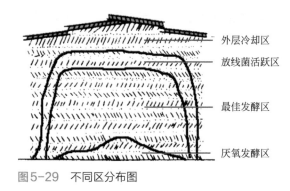

外层冷却区

放线菌活跃区

最佳发酵区

厌氧发酵区

图5-29　不同区分布图

厚度7～15cm。由于风吹日晒，水分损失较多，温度一般35℃，透气干燥。

② 放线菌活跃区。温度50℃，料上产生白色放线菌。

③ 最佳发酵区。温度70～80℃，这层中微生物不能存活，但化学反应却很活跃，该区发酵效果最好。

④ 厌氧发酵区。是料堆中下部温度较低而且呈过湿状态的料层，温度一般20～30℃，常常会因缺氧而进行厌氧发酵，有氨臭味，这层料不适合双孢菇菌丝生长。

（4）翻堆原则及每次翻堆的具体操作　翻堆要坚持"生料放中间，熟料放两边；中间的放两头，两头放中间"的原则。翻料时将放线菌打碎，均匀混到料中，利于发酵。

第一次翻堆。建堆2～3天后，堆温（料下30cm温度）可达70～75℃或更高，6天后堆温开始下降，此时就要进行翻堆。方法是：通常先把料堆的外层草料用耙子刮下来，放在一边，稍洒点水以免干燥，在重新建堆时再逐渐混入料堆中去。对于内层和底层的粪草，则翻拌对换位置，边翻拌边加入辅料和先刮下来的外层粪草（尽量放在料中间）。翻堆时要把秸秆和粪肥充分抖散，均匀混合，堆形保持原样。如果料堆偏干，可翻堆前一天在料堆上适当加入石灰水，翻堆后的含水量应掌握在用手捏时有5～7滴水滴下为宜。如遇雨天要用草帘覆盖，防止雨淋。第一次翻堆加入尿素总量的一半、石膏粉和过磷酸钙总量的一半。

第二次翻堆。第一次翻堆后5～6天，进行第二次翻堆，原则与第一次相同，把粪草混合均匀抖散后轻轻放下，不需踩实，但堆的宽度要适当收缩30cm左右，长度也随之改变。第二次翻堆水分进入了"二调"阶段，切忌浇水过多，以免造成料堆过湿，以用手紧握培养料，可挤出3～4滴水为度。第二次翻堆加入剩余石膏粉和过磷酸钙总量的一半。如有条件翻堆时应在堆底挖通气沟，改善料底通气状况，使料堆中心部位也发热。通气沟宽30cm、深30cm，上铺竹木片。

第三次翻堆。在第二次翻堆后4～5天进行，此时翻堆要在料堆的不同位置交叉放几根木棍，加强堆的透气性，调节pH值到8～9。还要根据料的干湿情况调节水分，料干要加水，料湿可不加，含水量应掌握在用手捏时有1～3滴水滴下为宜。到现在料已快熟了，一定要特别注意调节水分。

第四次翻堆。在第三次翻堆后3～4天进行第四次翻堆。第四次翻堆宽度不变，高度降低到约1m，长度随之改变。检查料堆的含水量，用手紧握培养料时，指缝间滴1～2滴水为正好。调节pH值到8～9之间，翻堆后切忌雨淋。同时用0.5%敌敌畏喷洒，以减少病虫害。第四次翻堆三天后要检查料是否已成熟，若成熟就应及时铺料播种，不再进行第五次翻堆，若不成熟还要第五次翻堆。播种前的含水量以用手紧捏一把料指缝见水而不下滴为宜，过湿要晾晒，过干就调1%的石灰水上清液。

第五次翻堆。在第四次翻堆后，料没有到达到腐熟标准，需要第五次翻堆。此次翻堆料的高度、宽度不变，要翻拌均匀，使含水量达60%～63%，pH值7.5～8.0。此次要检查有无残存的氨气和害虫，氨味重喷少量甲醛中和，如有虫喷0.5%敌敌畏灭虫。最后料堆应达到的质量标准是：a. 质地松软，手握成团，一抖即散；b. 草形完整，一拉即断；c. 有浓郁的料香味；d. 堆料的颜色为棕褐色；e. 堆料的含水量60%～63%；f. 无害虫及杂菌。

一次性发酵栽培的菇房，在培养料搬进前后，还需进行一系列的消毒工作。在进房前一天，料堆周周喷洒0.5%敌敌畏和1：800倍多菌灵并在料堆上盖膜闷熏24h。搬运堆料的工具要经过消毒，用5%石灰水浸泡或在太阳下晒2～3天。培养料进房前，菇房要再喷一次较浓的石灰水。菇房周围喷一次1：500倍多菌灵和0.5%敌敌畏。进房动作要快，随之密闭门窗，切忌在下雨天或刮大风的天气搬运堆料进棚，否则会导致鬼伞的大量发生。培养料进房后，菇房必须用敌敌畏和甲醛或硫黄熏蒸。

5．一次发酵培养料的五点标准

检查培养料发酵适度的标准为一看、二闻、三捏、四拉、五测，具体如下。

一看，料棕褐色，无粪块，无病虫杂菌，有少量放线菌"白化"现象；

二闻，没有氨味、臭味，略有甜面包和酱香味；

三捏，手抓质地松软，不黏，握得拢，抖得散，手掌留有水印；

四拉，草原形尚在，轻拉即断，不烂成碎末；

五测，pH值7～8，含水量在60%～63%（用手握培养料指缝间有水但不下滴），手感松软不黏不滑，最后一次翻堆后2～3天的堆温仍可维持在55℃左右。

6．堆制发酵培养料过程中出现的问题及对策

（1）酸臭味的处理　培养料堆制后升温缓慢，5～6天后堆温仍低于60℃，并出现酸臭味，培养料发黏。这是由培养料的含水量高，堆积过于紧密，通气不良或者因为培养料中粪多草料少造成的厌氧发酵。补救措施是立即铲开堆料，抖松粪、草，进行摊晒，降低含水量，再重新堆制。堆制时要留有通气洞，以增加其透气性。

（2）"烧堆"的处理　在培养料堆制发酵过程中，由于料中水分不足而偏

干，在堆料中出现大小不等的白斑即"白化现象"。在这些白斑中含有大量的放线菌菌丝和孢子，放线菌大量繁殖使料温升高，造成培养料干燥，草料颜色黄白，单根草料易拉断，这就是"烧堆"。发现有这种情况，必须浇足水，以防止高温区的部位过干，并通风降低温度。

（3）**重氨料的处理**　堆料深褐色，有刺鼻氨味。原因是氮肥过多或加得过晚，料偏湿，翻堆时未充分抖落散开。测定堆料含有残存氨气的方法是用手握一把堆料，握紧后立刻松开，闻之有强烈的氨水味。处理方法一是翻堆时要充分抖落散发氨气；二是用甲醛吸收氨气；三是上床后，注意多翻几次料，加强通风，直到无氨味时方可播种。

（4）**鬼伞的处理**　鬼伞孢子大量存在于粪堆和霉变的稻草、麦秆等植物体上，在高温、高湿和碱性环境特别是培养基有较多氨气存在时极易发生。防止鬼伞发生应从培养料堆制入手，首先应将畜粪、稻草麦秆晒干，特别是已霉变的麦秆应晒干，杀死鬼伞孢子；选用适当的培养基组成，防止高氮含量。发酵时若发现料堆周围有鬼伞发生必须将其翻入堆中心，让高温杀死其菌丝和孢子。发酵时适当通风换气，供应充足的氧气，以免产生厌气发酵，使料内氨气充分散发。

二、双孢菇二次发酵

1. 二次发酵的历史

大约在20世纪50年代，美国人兰伯特用蘑菇堆肥中的厌氧发酵区、好氧发酵区、带有放线菌的高温区、干燥冷凝区分别栽培蘑菇，发现用好氧发酵区的堆肥栽培蘑菇，栽培效果最好；其他发酵区的培养料，如在50～55℃温度和适当的通风条件下再进行堆制，堆肥的质量可得到改进。因而提出后发酵工艺，也称为二次发酵。

2. 二次发酵法的优点和流程

（1）**二次发酵法的优点**　二次发酵技术与传统的一次发酵相比具有诸多优点。

① 节约时间。二次发酵比常规发酵培养料堆制时间缩短了7～10天，降低了堆制的劳动强度。②减少了杂菌和害虫。后发酵阶段通过巴氏消毒杀死了大量有害微生物以及料中的虫卵、幼虫等，同时还对菇房环境进行了一次彻底消毒，有效地控制了栽培过程中的病虫害。③可提早出菇，增产20%。经过后发酵，培养料腐熟均匀、质地松软，消除了料内氨味，通气性好，菌丝定植快。而且在二次发酵过程中，培养料得到进一步分解，可溶性养分和菌体蛋白明显增多，使菌丝生长旺盛，出菇早，产量高，质量好。④经过二次发酵，栽培用药量明显减

少，降低了对栽培环境污染和菇体中农药残留量。

（2）**二次发酵法的流程** 原料预湿（含水量约70%）→预堆→建堆→前发酵（12～14天，翻堆3～4次）→后发酵（5～7天）→发酵合格。

3．前发酵和后发酵结束后培养料的特征比较

二次发酵中前发酵和后发酵结束后培养料的特征比较见表5-3。

表5-3 前发酵和后发酵结束后培养料的特征比较

判断标准	前发酵后（装床时）	后发酵后（接种时）
色泽	暗褐色	灰白色
秸秆的纤维	硬、不易拉断	柔软、轻拉即断
紧握检测含水量	可滴下2～3滴水（含水量为68%～73%）	不滴水（含水量为65%～68%）
臭味	有较大氨味及厩肥气味，氨气浓度为0.15%～0.40%	甜香味，几乎无氨味，氨气浓度在0.04%以下
手感	黏性强，滑，弄脏手	完全无黏性，不污手，有弹性
浸于水中	着色液不透明	着色液透明
酸碱度	pH值为7.5～8.0	pH值为7.0～7.5
含氮量	1.8%～2.0%	2.0%～2.4%

4．二次发酵的方式和具体方法

二次性发酵在播种前20天左右进行，分为前发酵和后发酵两个阶段。前发酵需翻3～4次堆，预湿、建堆和翻堆与一次发酵法相同。后发酵分为三个阶段，第一阶段为升温阶段，将料堆温度上升至58～62℃，并保持12～24h巴氏消毒的过程；第二阶段是恒温阶段，将菇房中的料温，通过通风降温至50～52℃，并保持该温度4～6天；第三阶段是降温阶段，停止加热，使房温和料温逐渐降低，当料温在28℃以下时，后发酵就结束。现在二次发酵的方式主要有菇房（棚）床架式二次发酵和隧道式二次发酵。

1）菇房（棚）内床架式蒸汽二次发酵

分为前发酵和后发酵两个过程，前发酵中的预湿、建堆和翻堆与一次发酵法相同。从建堆到料堆进房（棚）全程12～14天，期间翻堆3次，相隔时间是5天、4天、3天。第三次翻堆后将料趁热拆堆，快速移入预先消过毒的菇棚内进行2次发酵6～8天（表5-4）。

表5-4 菇房（棚）内床架式蒸汽二次发酵时间表

发酵阶段	程序	时间	操作要点
前发酵	翻堆、发酵	12～14天	翻堆3次，相隔时间是5天、4天、3天
后发酵	升温	1天	锅炉蒸汽加热
	巴氏消毒	24h	料温58～62℃
	控温发酵	4～6天	料温50～52℃
	降温阶段	2～3天	料温28℃以下

（1）**菇棚选择和消毒** 用于后发酵的菇棚面积以100m²为宜，床架要结实牢固，密闭程度要好。前发酵结束后菇棚用硫黄粉（每立方米用量10～15g）熏蒸消毒，密闭24h后通风换气。等菇棚药味散尽后，即可进料。

图5-30 进料

（2）**进料** 第三次翻堆后堆内温度在55℃以上时，选择晴天组织工人在2～3h内趁热拆堆，快速移入预先消过毒的菇棚内。料堆厚度25～30cm，床面要厚薄均匀、平整，不能压实压紧。进料堆放完毕，立即封闭菇房所有门窗及拔风筒，准备二次发酵。如果培养料过干，在二次发酵前喷水增加培养料的湿度（图5-30）。

（3）**升温阶段、巴式消毒** 锅炉加水后快速加热，用管道把蒸汽通入菇棚，进行后发酵。后发酵初始时不要马上加温，要先利用料内的微生物活动，让培养料自身升温。5～6h后，或当料温不再上升时，再开始加温，温度计达到58～62℃时保温24h（图5-31、图5-32）。

图5-31 关闭门窗

图5-32 加水升温

（4）**恒温阶段** 料温58～62℃24h后，就要开始开窗换气，让培养料能充分进行有氧发酵。棚内氧气不足时，培养料易产生大量放线菌（图5-33）。换气要使南北的上下窗对开，一般菇棚每天开窗2次以上，每次10～30min，保证菇房内有较多的新鲜空气。料温降至50～52℃，保持4～6天。

（5）**降温阶段** 恒温阶段结束后，停止供热，缓慢降温。当料温降至45℃时，逐渐打开上、中、下通风窗及拔气筒，继续通风降温。当堆内浅层温度降低到28℃时第二次发酵结束。在降温阶段一定要及时开窗，让料内多余的水分蒸发出去，防止料面凝结冷凝水，造成过湿、粘手，不利菌丝吃料。

图5-33 产生大量放线菌

2）隧道式二次发酵

（1）**隧道式二次发酵的历史和优点** 意大利人率先发明了隧道式二次发酵，它的应用使蘑菇栽培更容易进行机械化传输、装床、接种和出料等工作，节约了大量的人力资源、能源，简化了环境控制操作。与架床式二次发酵相比优点如下。

① 常规床架式的二次发酵过程中，菇床的料温和室温差距通常可以达到10～15℃，但在隧道式集中发酵中，二者温差仅为1～2℃。这对正确维持高温有益微生物最适条件48～52℃是很有效的。

② 不必在栽培室中进行高温高湿条件下的巴氏杀菌，所以对建筑设施、附属机器、电力系统损坏少。

③ 能有效地利用堆料发酵热，节省能源，效率高。

（2）**场地要求** 工厂化双孢菇生产的培养料发酵在菌料工厂内完成。菌料厂封闭运行，分原料储备区、预湿混料区、一次发酵区和二次发酵区四个部分。对场地的要求是地势高、排水畅通、水源充足。菌料厂除原料贮备区外都应采取水泥硬化的地面，并根据生产需求设计合理的给排水系统，以及菌料工厂的布局（图5-34）。

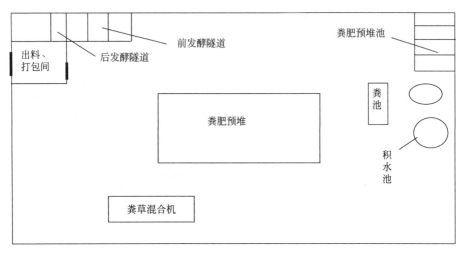

图5-34　双孢菇培养料隧道发酵场平面设计图

表5-5为隧道二次发酵的时间。

表5-5　隧道二次发酵的时间

发酵阶段	程序	时间	场所和要求
前发酵	预湿	2天	混拌机械或化粪-浸草池,草粪含水量达73%～75%
	预堆	3～4天	露天料场,翻堆1次,料温70℃
	发酵	8～14天	发酵槽,倒仓2～3次,料温80℃
后发酵	升温	1天	发酵隧道
	杀菌	8～12h	巴氏杀菌温度:58～60℃
	发酵	5～6天	温度范围:48～52℃

（3）前发酵

① 发酵槽的结构

无论国内还是国外,新建的料场几乎普遍采用发酵槽进行前发酵。发酵槽是一种开放式的发酵设施,其供风构造与发酵隧道相似,三面有围墙拢住堆料,一面敞开便于进出堆料,上有防雨棚。地板下设坡度2%、高度0.15m的高压风管,高压风管一定距离朝地面设置通气喷嘴。发酵槽长25～45m、宽5～8.5m,风压5000～7000Pa,供风量15～20m³/(t·h)堆料。发酵槽采用间歇式通气方式,间歇时间根据料温上升需要调整。发酵槽受气候影响小,便于监测氧气流量及调控堆料温度(图5-35～图5-37)。

图5-35 建造中的发酵槽

图5-36 安装高压风嘴

图5-37 建好的发酵槽

② 培养料基本配方

目前国内工厂化蘑菇栽培主要以麦秆和禽畜粪为主要原料，南方水稻产区也阶段性采用稻草为主原料。基本配方是：干麦秆53%～55%、干鸡粪或牛马粪42%～47%、石膏3%～4%、尿素0.2%、豆粕2%。

以栽培面积480m²的菇房（一间长50m、宽5m、高5m的菇房）为例，需要优质麦秸28t、鸡粪22t、石膏2.2t、尿素90kg、豆粕1.2t。

③ 原料预处理

a. 麦草和鸡粪的收集。由于麦秆和稻草原料来源具有季节性，因此收购麦秆和稻草必须在一季收够贮存一年的用量。禽畜粪也必须有固定来源，并保持有20～30天的贮备量。蘑菇工厂麦草的贮备用方块草捆形式码垛，一般每个产季都会收贮一年所用的麦草用量，以后按生产计划分批投料。投料时，要将麦草解捆、抖松，因麦秸在压捆过程中草茎被压扁，重新抖松后吸水较容易。鸡粪要尽量选干燥的，如有结块需要粉碎。鸡粪在使用前须用4～5天时间进行调质，使鸡粪含水适宜、结构松散，以利混合。如果没有干鸡粪，将采取湿鸡粪浸料工艺。

b. 培养料预湿、混料的工序。详见表5-6。

表5-6　预湿、混料的工序表（有预湿池）

第1天	第2天	第3天	第4天	第5天	第6天
麦草预处理	浸料	翻料	捞料	麦草、鸡粪、石膏在混料生产线混合	进入料仓进行一次发酵
鸡粪调质			鸡粪、石膏预混		

　　麦秸可以在露天料场上预湿，也可在预湿池预湿。露天预湿时将麦秸铺60～80cm厚，用水喷淋，让麦秸充分吸收水分。麦秸的预湿时间为4～6天，每天都要保证麦秸是湿透的，在此期间用铲车翻料2～3次，将麦秸混匀。在浸料池内预湿时麦秸打捆绳要拣干净，以免缠堵设备。将松散的麦秸用铲车推进浸料池反复混合和浸水，一般一批料投25t麦秸，在浸料池中形成的体积为200～210m³，浸料预湿时间48h，在此期间用铲车翻料3～4次，一般48h后捞料并在料场建堆。冬天时要避免冰块混入料堆，同时泡料和捞料后池内撒一层干草以防结冰（图5-38、图5-39）。

图5-38　预湿池

图5-39　预湿池预湿麦秸

　　捞料时在池内把料举高再抛下一次，捞到场地举高把料抖下，目的就是让料均匀。天气暖时料堆要矮，易于保存草内的水分。冬天时要堆成大圆堆，同时遮盖风口保温（图5-40、图5-41）。

图5-40　将预湿麦草捞出

图5-41　捞出的麦草

　　鸡粪预湿时把鸡粪加入搅拌机内进行破碎，同时加入适量的水进行稀释，然后将拌匀的鸡粪加入麦草中，让麦草充分与鸡粪混匀，闷堆12h。

　　混料时首先将尿素、石膏和豆粕搅拌均匀，然后用铲车把它们均匀地撒在麦秸和鸡粪上，接着用铲车把原料加入大型搅拌混料机内。这些原料在混料机内搅拌均匀后，经过传送带传出，含水量灵活调节以达到70%为宜（图5-42、图5-43）。

图5-42　混料

图5-43　露天料场翻堆

　　c. 料仓一次发酵。目前现代化的工厂一次发酵在料仓内完成。料仓分上下两层，上层装料，下层送风，送风方式可以是层板式的，也可以是管路式的，料仓的强制送风系统必须有穿透料层的能力。培养料经过混料调质后，立即用入料机装入料仓，进行一次发酵。采用发酵槽进行一次发酵一般为9天（可根据所用原材料的不同适当调整发酵天数），期间倒仓2次：料温达到80℃维持1天倒仓；料温再达到80℃维持3天倒仓；料温最后达到80℃维持1天转入发酵隧道。在转仓过程中，重新启动发酵后，料温会再度上升到70～80℃。当料温小于68℃或大于82℃时，需进行调整，以防止烧料或低温发酵（图5-44）。

图5-44　第一次发酵

（4）隧道二次发酵技术要点

　　① 进二次隧道前的准备工作

　　第一，检查风嘴是否通畅及破损，风管是否有积水，风道是否泄压，抛料机是否运转正常。

　　第二，检查料的水分是否适当以做相应调整；料的高度以1.9～2.0m为准，前后均匀一致。

第三，抛料机压过草料后堵死的封嘴一定要清理干净，新风口滤网每月定期清洗一次。

② 隧道装填堆料

经过良好的料仓发酵的培养料需要运进二次发酵隧道进行巴氏灭菌，时间7～9天。在隧道系统中，装料非常关键。在装料时要用摆头抛料机（适用于小型隧道20m×4m）或顶置式落料系统（适用于大型隧道40m×6m）将一期末培养料松散一致地抛堆成宽4m、厚1.8～2.1m的料堆，堆料密度1t/m²。如果堆料密度不匀，堆料密度高的部分（堆得紧的地方）循环风受阻，此处堆料就会变成缺氧状态。在装填堆料时应注意：草料不要紧贴门口，留20cm的距离；没有特殊情况时入料要一次完成，避免产生断层；入料后插好温度探头，关闭大门，漏气的位置用发泡胶密封，清理场地卫生。进料1～2h后开风机，开风机前，打开水封井内的三通阀，排掉可能的存水（图5-45、图5-46）。

图5-45　进料前的发酵隧道　　　　图5-46　摆头机进料

③ 隧道密闭发酵

堆料在隧道中发酵时，由高压风机产生强气流，经料堆底部风道吹过料层后，循环利用或排出。堆料中插有温度探头，与控制仪及通风系统联动，通过调整新风与循环风的比例，即可保障堆料发酵所需要的氧气和温度。隧道下部的通风地面对着空气入口呈2%的坡度，目的是维持前后空间的压力均衡和有利于排出积水。采用密闭式隧道发酵时，由于隧道内既可蒸汽加温，又可加湿和加压通气，可不必翻堆，直至发酵料达到标准；对于发酵不均匀的隧道，需要进行1～2次机械翻堆或边转场边翻堆继续堆制，直至发酵料达到标准。

发酵过程中的温度、湿度、pH值等指标都是通过温度控制系统、调气控制系统、高压控制系统来实现的。发酵时，通过自动调控装置对发酵料进行监督，发酵温度控制在78～82℃，氧气含量在15%以上。发酵过程中当发酵仓内温度、通气发生异常时，自动调控装置会自动启动控制系统，使培养料自动发酵。

④ 严格的隧道二次发酵分6个阶段

第一阶段：均温阶段。隧道填料后，用3～6h进行均温，使料层不同位置料温趋于一致，每吨培养料每小时给150～200m³的空间循环风，间隙给

5% ~ 10%的新风（图5-146）。

　　第二阶段：升温阶段。料层温度稳定一致后，以每小时升1℃的速度将料温逐步升到58℃，过快过慢都须调节。这种温度的升降显示着微生物的生长规律，须严格遵守。风量的控制是150m³/（t·h），供氧10%。

　　第三阶段：巴氏灭菌阶段。料温58℃，保持8h。要严防料温大于60℃，否则会产生不利影响。在此期间，主要是利用巴氏消毒的原理，将培养料内残留的杂菌虫害杀死，但料温不能偏高，如偏高会影响到有益微生物发酵，造成后期选择不利，培养料营养难以转化。风量120m³/（t·h），供氧10%，风机控制按设定程序进行。

　　第四阶段：冷却阶段。巴氏灭菌结束后，要在4h内将料温降到48℃，平均每小时降3℃。在48℃的选择调节点进行特异性选择，环境控制按程序操作。

　　第五阶段：恒温阶段。在48℃料温的调节点进行为期2 ~ 3天的选择培养，使放线菌等有益微生物得到大量繁殖。风量100 ~ 150m³/（t·h），供氧充足，空温要服务于料温。如果选择正确，在后期，料温会出现爬升现象，但要把料温控制在稍低于50℃的范围，风量175m³/（t·h）。如果出现难以抑制的大于50℃的情况，说明选择效果不好，需要调整。

　　第六阶段：降温阶段。当发酵料呈棕褐色，料内有大量的白色放线菌等有益微生物的菌斑、菌丝体，闻不到氨味或其他刺激性异味，略带有甜面包味，草茎柔软疏松有弹性、用手拉即断，不黏无滑感，不污手时，说明发酵结束。这时需加大新风量将料温从48℃降到25℃，进行出料播种。

三、双孢菇隧道三次发酵

　　三次发酵是采用具有保温性能的密闭式隧道，进行蘑菇菌丝的集中发菌处理的过程。将二次发酵的培养料料温降到30℃进行通风，通风完全结束后，人才可以进入菇房进行翻格。将培养料均匀地摊铺在各层床架上，上下翻透抖松，然后整平料面，再重新密闭菇房，通入蒸汽加热，使料温维持在48 ~ 52℃，培养48h。打开门窗通气，待料温稳定在28 ℃以下时进行播种。菌种在最佳的环境条件下培养14天，在三次发酵室内就完成三次发酵过程。"三次发酵"与"二次发酵"有四个明显的不同点：一是培养料的营养不同，通过"三次发酵"，培养料内有利于蘑菇菌丝生长的特异营养源积累多；二是抗病能力不同，经过"三次发酵"后，料内游离氨减少，杂菌明显减少；三是出菇时间不同，经过"三次发酵"后，出菇时间提前一周左右，与二区制栽培模式相比，每年通常可新增2批次栽培；四是产量不同，经三次发酵可使产量提高15%。"三次发酵"技术在国外已经大面积推广使用，国内正在积极试验。在二次发酵成功的地区，可以根据自己的条件做些试验，逐步发展；在生产条件差，二次发酵还不够成熟的地区，应先掌握好"二次发酵"技术，提高现有的蘑菇产量，等条件成熟后再进行"三次发酵"试验。

虽然蘑菇堆料的发酵场地有所不同，但是各发酵阶段的天数基本相同。三次发酵的时间表：预堆3～4天，一次发酵8～14天，二次发酵4～7天，三次发酵（隧道发菌）15～18天。这三次发酵的总周期为35～42天。

第六节　双孢菇播种技术要点

一、温室、简易菇房（棚）播种

1. 菇棚消毒

消毒工作做得好坏直接影响双孢菇的生产，方法如下。

① 打开菇棚的通风窗口，日夜通风干燥，或掀开棚膜让太阳暴晒。

② 培养料进棚前半个月，将菇棚床架、墙壁及四周用水冲洗，并喷漂白粉消毒。栽培2年的老菇房，床架要用波尔多液洗刷，再刷石灰水；连续使用3年的菇棚，要将床架拆下浸入河中，1星期后再用波尔多液浸泡5～6天，晒干备用，菇棚地面打扫干净后撒上石灰粉。

③ 上茬栽培过程中有严重虫害的菇棚要用0.5kg敌敌畏、硫黄2.5kg（100m²面积用量）灭虫。密封熏蒸24h。

④ 进料前2天，菇棚内彻底喷一次0.5%敌敌畏药液。然后再用0.5kg敌敌畏、2.5kg硫黄密闭熏蒸24h后。打开门窗通风，味道减轻后即可进料。用多菌灵或消毒液将棚内墙壁、地面、棚架、立柱分别进行重喷一次，喷后给地面撒一层石灰粉。

⑤ 料进棚后，将播种用的工具、盆等清洗干净放入棚内。然后按每立方米使用8ml甲醛和5g高锰酸钾进行密封熏蒸24h，开门通风之后进行下一步操作。

2. 播种

料铺好后，菇房内闻不到氨味，室温在22℃以下，料温稳定在25℃以下，并不再升温时进行播种。播种宜在阴天进行，晴天应在早晨和傍晚进行。中午强光不宜播种，否则料和菌种干燥。首先用0.1%的高锰酸钾溶液洗净菌种瓶，备好盛放菌种的容器（干净的塑料盆或瓷盆），播种用的叉子等工具要经高锰酸钾溶液浸泡，工作人员要带上消过毒的医用手套。接着用挖菌种用的钩子挖出菌种，把菌种取出掰成颗粒状。播种时先将用种量（750ml菌种2瓶/m²）的75%撒于料面，然后用叉子翻动将菌种与上半层料混匀，最后将余下的25%均匀撒于料面，抖动料面，轻轻拍平。播完后，为保持料内的湿度，可在料面上盖一层编织袋或带孔的黑色地膜。

（1）**播种前的准备工作**　地栽建池子：棚内池子按南北走向排列，底部呈龟背形，宽80～100cm，池长5～6m，深8～10cm，池间距30cm，池子与后墙留出约0.6m过道，与前墙距离30cm（图5-47）。床架栽培准备架子见图5-48、图5-49。

图5-47　建池子

图5-48　铁架子

图5-49　竹架子

（2）**铺料**　菌床提前用石灰粉消毒，并卷起草帘，让太阳暴晒3天以上，进料前菌床要用水浇透。培养料运进后，首先检查料的含水量是否达到要求。其次用pH试纸测料的pH值，pH值应在8左右，若pH值偏低，可结合含水量的大小，喷洒石灰水调节。最后要检查料内是否有氨味，若无氨味就进行铺床，如氨味较大喷1%的过磷酸钙或5%的甲醛。装运料时边运边将粪草混合均匀，拣出石块、土块等杂物。铺料时要使料厚度均匀一致、松紧适宜，厚度在20～28cm，宽80～100cm。地栽铺料见图5-50、图5-51，床架铺料见图5-52。

（3）**菇房和播种工具消毒**　播种工具、菌种瓶（袋）表面用0.1%高锰酸钾或2%来苏儿溶液消毒2min，然后戴上经过75%乙醇消毒的手套将菌种取出掰成玉米粒大小放入消毒的盆中（图5-53、图5-54）。

（4）**翻料**　在消毒和通风后，还要进行一次翻料，又称"翻格"。即将在菇床上铺好的培养料再上下、里外翻动，混匀拌松、翻平，排出料内废气，除去土块等杂质，使培养料松紧一致、厚薄均匀、床面平整，以免出菇不匀而影响产量（图5-55）。

图5-50　池内撒石灰

图5-51　地栽铺料

图5-52　床架铺料

图5-53　工具消毒

图5-54　掰碎菌种

图5-55　翻料

（5）菌种、培养料检查和温度测定　双孢菇菌种相当于农作物的种子，菌种质量的好坏，直接影响到栽培的成败和效果。检查的具体方法是对栽培种进行严格检查，选择菌丝粗壮、洁白、无病虫害、菌龄适中的菌种；对培养料的含水量、pH值等再检查一次，如含水量和pH偏低，要边翻拌边喷石灰水，使培养料含水量达到65%，pH值达到7.5；检查室温和料温，室温在22℃以下，料温稳定在25℃以下，并不再升温（图5-56、图5-57）。

图5-56　测酸碱度

图5-57　测料温

（6）播种

① 混播加层播。麦粒菌种属于颗粒型、易分散，可采用翻播加撒播的方法，菌种用量为2瓶/m²（750ml麦粒种）。具体方法：先将种量的75%均匀撒在料面，用手或叉翻动培养料，将菌种与上半层料混匀；再将余下25%的种块均匀撒在料面，然后薄铺一层料，用木板轻压料面，使菌种和培养料紧密结合，防止麦粒悬空；最后覆盖编织袋或带孔黑色地膜保湿（地栽见图5-58 ~图5-63，床架栽培播种见图5-64 ~图5-71）。

图5-58　表面撒75%菌种

图5-59　用叉子将菌种与上半层料混匀

图5-60　将25%菌种撒在表面

图5-61　表层撒一薄层料至菌种若隐若现

图5-62　用锹把在料面每隔一尺打洞到底部

图5-63　在料面覆盖编织袋或带孔黑色地膜

图5-64　播种

图5-65　用耙子将菌种和料混匀

图5-66　上面再撒一层菌种

图5-67　用铁锹拍平料面

图5-68　拍平的料面

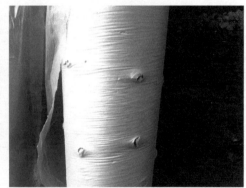

图5-69　地膜打孔

图5-70　盖带孔地膜

图5-71　盖好的地膜

　　② 穴播加层播。穴播适合干粪草菌种，行株距20cm，穴深3cm，料较干可播深些，反之浅些。播种时用木条或竹片打穴，随即送进菌种，再细心地用培养料薄薄地盖好播下的菌种，然后轻轻压平。每个池子用10个菌袋（每个菌袋相当于750ml菌种），其中7个菌袋用于穴播，穴与穴间距20cm，纵向一共6行，其中池子中间4行，池子侧面2行；3个菌袋用于最上层层播。穴播加层播，此法更容易形成萌发中心，提高了发菌速度，缩短发菌周期（图5-72～图5-77）。

图5-72　穴播播种

图5-73　穴播后菌床

图5-74　层播菌种

图5-75　层播后菌床

图5-76　用木板将料面拍平

图5-77　盖上编织袋、地膜地膜不盖严，两片地膜间有空隙

二、工厂化播种

1．播种前准备工作

① 提前备好优质菌种（图5-78），剔除染菌和老化菌种。

② 菇房提前消毒备用，机器设备、场地提前一天清洗消毒。上料和造料人员负责各自的设备和场地。铲车的清洗消毒尤为重要（特别是车底盘），要特别重视。

③ 上料前要调试好设备，以免延误上料工作。

④ 上料时的工具和滑梯必须经过清洗消毒。

图5-78　优质菌种

2．播种方法

隧道二次发酵结束后，将培养料的温度降到25 ~ 27℃，利用专用运料车转运至菇房的自动化上料机处，进行播种上料作业。播种前要做好菇房消毒工作，播种时要避开高温天气，并且当天播完。播种上料机会自动将料抖松、均匀添料，同时按0.85kg/m²的接种量将菌种混入均匀料中，然后将混入料内菌种的培养料压成和床板高度相同的料块，高度约23cm，这样既可以使料与菌种紧密接触，又可以使培养料保持一定湿度。在料运输过程中再每平方米用0.15kg的菌种均匀覆盖表面，使播种量达到1.00kg/m²。在播种时要注意料温不要超过28℃，以防烧菌。播完后要覆盖一层带有微孔的聚乙烯薄膜，既可通风又能保温、保湿。覆盖薄膜后要及时补充菇房水分，首先在膜表层喷一次水，然后在地面喷一次水，保持空气湿度60% ~ 70%（图5-79）。

图5-79　上料机上料

3．播种应注意的问题

① 上料是多设备配合作业，工人不要擅自离岗，要紧密配合，保障工作进度和人身安全。

② 造料只要铲车作业即可，最后工人换上干净工作鞋清理铲车无法拾起的料。

③ 上料场地掉下的料，与地面接触的不要拾起。

④ 调整好拉料的速度，避免隆起和断节。

⑤ 表面菌种床边不要漏撒，补料后的表面不要忘记补种。

⑥ 播种时要精力集中，出料过快时要手工补种。

⑦ 工作完成后要及时打扫菇房和场地卫生。

第七节　双孢菇覆土前发菌管理

播种后至覆土这一段菌丝生长时期称覆土前发菌期，需20～25天。总体要求棚内温度维持在20～25℃，料内温度20～24℃（最高不要超过28℃），空气相对湿度约70%，暗光。播种以后，必须经常观察有无杂菌、虫害的发生。如发现杂菌、虫害应及时采取防治措施，以防扩大蔓延。为防止光线过强影响菌丝生长，可在料面上覆盖编织袋、塑料布等遮光、保湿。

一、温室及简易菇房（棚）发菌管理

1．前期保湿发菌

播种后前3天，棚内以保温、保湿为主，空气湿度在75%～80%，可不通风，料面要适当覆盖。4～7天，菌种萌发至封住料面，在保证棚内70%湿度下，逐渐加强通风量，每天早晚气温低时各通风15～30min。正常情况下，播种1天后，菌种块萌动发白。3天后，菌种块上长出约0.5cm的白色绒毛状菌丝，开始吃料。5天后，菌丝体进入培养料0.5～1cm。7天后菌丝长进料面1～2cm。10天后，菌丝体基本长满料面，并深入培养料3～5cm。在管理中要定期揭膜通风，避免料面有黄水，造成杂菌污染（图5-80～图5-83）。

图5-80 编织袋遮阳、保湿

图5-81 查看菌丝生长情况

图5-82 2天萌发

图5-83 10天吃料情况

2. 中期适量通风

播种10～20天，当菌丝长入料内厚度一半后，用拇指粗（直径1cm）的木棍儿或二齿叉自料面打扦至料底，打扦株行距为30cm，目的是排出料内二氧化碳等代谢物，以利于菌丝正常生长。中期可加大通风量，每天早、中、晚各通风30min，空气湿度约60%（图5-84、图5-85）。

图5-84 播后15天菌种吃料情况

图5-85 打扦

3．后期适量通风

播种20～30天，菌丝体长到培养料的3/4以上。要加大菇棚通风量，无风天气，南北窗昼夜全部打开；有风天气，只开背风窗，以适度吹干料面，促进菌丝继续向料内生长，防止杂菌感染。

4．注意事项

（1）适度保持料面干燥　播种后5天左右，待蘑菇菌丝恢复后，应使培养料表层处于干燥状态（手触摸料面略有刺手感觉），这样即使杂菌孢子落在培养料上，也会因为湿度不够而阻碍杂菌孢子萌发和减缓其生长。这样做虽然影响培养料表层菌丝的生长，但是培养料的中下层蘑菇菌丝却能充分生长。直至覆土前，再分次向料面喷水调湿，蘑菇菌丝会很快地反窜到培养料表层，这一现象俗称"吊菌丝"。通风不足，料面过湿有黄水（图5-86），容易感染杂菌。

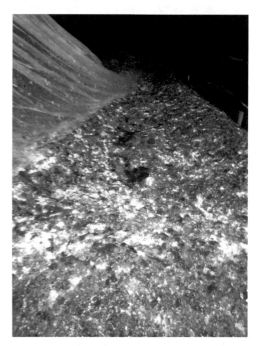

图5-86　料面有黄水

（2）双棚提温　如果播种时间过晚11月后或过早3月初，温度过低，可采用双棚提温。具体措施是在棚内再建小拱棚，利用双棚来提高温度（图5-87）。

图5-87　双棚提温

二、工厂化覆土前发菌管理

工厂化周年栽培的发菌采用自动调温调湿，发菌培养在养菌室进行，人为调节菌丝生长发育的温度、湿度、光照和二氧化碳浓度等环境条件，时间为13～15天。此过程中，培养料的温度控制在24～26℃，室内温度22～24℃，室内空气湿度控制在70%，二氧化碳浓度控制在5000～11000mg/m³。理化指标应为：含水量：65%～67%、含氮量：2.2%～2.4%、pH：6.4～6.9。

1. 菌床发菌

播种后1～3天菇房紧闭门窗，少通风，以保湿为主，使菌种迅速萌发定殖。播种3天后，菌丝萌发并吃料，适当增加菇房通风换气，保证菌丝生长所需要的新鲜空气。播种7天后，菌丝已长满培养料表面，并深入培养料3cm，此时增大通风量，保证培养料内菌丝生长所需的充足氧气，为菌丝向下生长创造条件，当菌丝长满培养料三分之二时要揭去盖在料面的薄膜。发菌期间，冬季通过蒸汽加温，夏季则通过制冷维持温度。空气相对湿度不够可采用料面喷水保湿，通常每天喷水一次，以防料面干燥影响菌丝生长。如果空气相对湿度过大，则应适度通风换气，降低湿度。为了防止杂菌滋生，每隔2～3天每个菇房喷一次50%的1000倍的多菌灵可湿性粉剂。菇房的空气相对湿度管理采用自动增湿机增湿，增湿机的喷雾雾点大小和喷量也是可控的。因为光线对菌丝有抑制作用，整个过程要避光培养（图5-88、图5-89）。

图5-88　播种后保湿　　　　　图5-89　发菌料面

2. 菌块发菌

为了避免菇农在发酵和发菌中失败的风险，现在有些企业推广块式发菌，即将二次发酵（未接种）的蘑菇培养料通过蘑菇堆肥打包机均匀播入菌种、压块，再覆上塑料薄膜（图5-90），运到发菌室进行发菌（图5-91），再将发好菌的菌块发给菇农。这是双区制生产的一种方式，既让菇农避免了风险，又解决了鲜

图5-90　蘑菇堆肥打包机打包

图5-91　菌块发菌

菇不能远途运输的难题。

　　蘑菇堆肥打包机由三大部件组成，即进料槽、模压机、覆膜机，它们的特点如下。

　　进料槽：此部件长5.8m，高3.85m，宽3.4m，功率9kW。受料槽承接培养料后，由受料槽底部环形传送带传送。传送带上方有撒播蘑菇菌种的漏斗，调节漏斗孔大小和传送带速率控制播种量，将菌种均匀地撒播在移动中的培养料中。

　　模压机：此部件长8.2m，高2.8m，宽1.9m，功率为25kW。撒播上菌种的培养料被装入长方形模具内，经液压装置挤压成长方形料块，规格为：0.6m（长）×0.4m（宽）×0.2m（厚）=0.048m^3（19～20kg/块）。自动液压装置连续不断地将料块从模具中推出，速率因压块机功率大小而有所差异，一般每小时压块700～900包（每分钟12～15块）。

　　覆膜机：此部件长4.15m，高1.75m，宽1.8m，功率为25kW。培养料块传送到包膜机。包膜机安装两卷宽0.9m的聚乙烯塑料薄膜，上下两面包裹培养料块，料块两侧留有透气口，通过加热器时塑料薄膜收缩而包紧料块，既保水分又便于转运。

第八节　双孢菇覆土及覆土后发菌管理

　　双孢菇栽培必须覆土，覆土质量和方法的好坏，与双孢菇的产量和质量有直接的关系。

一、覆土作用

① 覆土可促使菌丝在营养较差（与培养料相比）的土层中由营养生长转向生殖生长。

② 覆土后料面和土层中二氧化碳浓度增加，促进菌丝爬土形成子实体。

③ 覆土可创造一个稳定的温湿度环境及提供子实体生长所需的大量水分，有利于菇蕾的形成和子实体的顺利长大。

④ 覆土可起到对料面菌丝机械刺激、促进结菇及支持菇体的作用。

二、覆土材料要求和选择

1．要求

① 结构疏松、透气性好、有一定的团粒结构。②有较强的持水能力，以供应双孢菇子实体的生长。③含有少量的腐殖质（5%～10%）和矿物质（起缓冲作用），但不肥沃。④有适宜的酸碱度，以pH值7.2～8.0为宜，以抑制其他霉菌的生长。⑤无害虫和病菌，而含有必需的有益微生物，如臭味假单孢杆菌等。⑥含盐量低于0.4%。

2．选择

覆土材料以泥炭土、壤土、黏壤土为好。这样的土壤透气性好、持水力强、干不成块、湿不发黏、喷水不板结、失水不龟裂。黄泥土、沙壤土、沙土等透气性好，但持水力差、无养分、黏性差、不易形成颗粒，不适合做覆土材料。黏土的持水力强，但吸水速度慢、透气性差、易板结，一般都不使用。国内常用的覆土材料有稻田土、麦田土、塘泥土、河泥土、田园土等。此外随着覆土工艺的改革，目前已成功运用了土中加稻壳作覆土材料，简化了粗土、细土的覆土工艺，效果也很好。

3．注意事项

① 应根据不同覆土材料的持水率，调节覆土材料中的含水量，最大限度地提供双孢菇生长所需的水分。沙壤土（砻糠细土）的含水量宜保持在18%～20%（即手握成团、落地即散、手掰土粒不见白为好），砻糠河泥土的含水量应保持在33%～35%，不同质地的泥炭（或草炭）的含水量可维持在75%～85%，应用持水率高的覆土材料可有效地提高产量和品质。

② 除了河泥土、塘泥、冲击土之外，其他覆土材料多从表土层以下20～30cm挖取，并经过烈日暴晒24h以上，以杀死病菌孢子和害虫卵，还可

以使土中二价铁离子变成三价，然后打碎放置在通风处备用。未经暴晒的新土，不仅带病菌和害虫，还含有多量的二价铁离子，对蘑菇菌丝有毒害作用。

三、覆土时间

覆土是一项极为重要的工作，在老菇农中流传着"覆土迟一天，出菇迟十天"的口头语，可见适时覆土的重要性。一般当菌丝即将长满培养料，即在接种后22～25天就要开始覆土。覆土过早，会影响菌丝生长，延迟子实体形成。覆土过迟，则表层菌丝容易暴露。一些栽培者为了早出菇，菌丝未长满就覆土，似乎争取了时间，其实适得其反。在这种情况下，料面的菌丝向上往土层生长，料内菌丝则继续往下生长。结果，菌丝向两个方向生长，使菌丝爬土慢，延迟了出菇时间。

四、覆土前准备工作

1．检查杂菌和病虫害

覆土前必须检查用于覆盖的土壤中是否有潜伏的害虫或受到杂菌污染，尤其是疣孢霉、绿霉和螨类。一旦发现，必须弃之不用。

2．适度调水"吊菌丝"

覆土前菇床培养料表面应保持适度干燥。若料面在覆土前长期保持较高的湿度，容易诱发菌床菌丝徒长，形成菌被，因此应及时开门窗进行适度通风，适当吹干料面。若料面太干，肉眼已很难看到菌丝时，可以在盖土前2～3天以1%石灰清水细雾润湿料面，促进料内菌丝复壮，进行"吊菌丝"处理，使菌丝返回料面后再覆土，这样对阻止培养料酸碱度下降和防止杂菌污染很有好处。"吊菌丝"后料面不宜太湿，否则要等料面稍干后再覆土。

3．整平菌床"搔菌"

料面覆土前要进行一次"搔菌"，即用手将料面轻轻骚动、拉平，并用木板轻轻压一压，这样可使料面的菌丝断裂成更多的菌丝段。待覆土调水后，往料面和土层中生长的绒毛菌丝会更多、更旺。

五、覆土方法

1．稻壳土一次覆土法

（1）稻壳土制备方法　覆土前半个月取耕作层30cm以下的土壤，打碎、晒干后过筛（一寸筛或九目筛），100m² 菌床用土量3～4m³。在覆土前3天，按配方要求把各种固体原料充分搅拌均匀。每立方米土用5%甲醛溶液10kg，边喷洒边堆放，堆成高和宽度各约0.8m的长堆，再用塑料薄膜覆盖24h，然后用石灰水预湿，pH调节至7.5～8.0。含水量以手捏成团、落下即散的程度为宜。预湿后的覆土材料堆成长拱形，四周喷洒敌敌畏溶液等待第二天使用。下面以稻壳土为例介绍一下覆土制备。

① 配方：100m² 菌床需土4m³、过磷酸钙15kg、石膏15kg、稻壳50kg、生石灰20kg、80%敌敌畏一瓶、37%甲醛一瓶。

② 土制作：覆土前半个月取耕作层30cm以下的土壤，打碎、晒干后过筛（一寸筛或九目筛），土粒径一般0.5～1.5cm。

③ 稻壳处理：取干净、无霉变稻壳暴晒1天后，放入pH值10的石灰水中浸泡1天。

④ 搅拌均匀：按配方将处理好的土、稻壳及其他配料混拌均匀，含水量55%～60%。

（2）稻壳土覆土方法　首先在料面浇水"吊菌丝"，过5～7天当料面菌丝恢复生长后，用干净的小容器铲取覆土材料，轻撒在料面上，覆盖厚度3～4cm，盖上编织袋保湿（图5-92～图5-95）。

图5-92　浇水"吊菌丝"

图5-93　菌丝生长到料表面

2．粗细土二次覆土法

现在蘑菇所用的覆土，大多数是颗粒状的规格土粒。这些土粒基本分"粗土粒"和"细土粒"两种规格。粗细土制备方法参照稻壳土。选粒方法有经晒

图5-94　覆土

图5-95　盖上编织袋保湿

干后人工敲碎过筛，也有用电动碎土机的。有的碎土机带有筛子结构，可以同时筛出两种规格的土粒，一般粗土占3/5、细土2/5 。粗土粒约蚕豆大小，粒径1～1.5cm。细土粒约黄豆大小，粒径0.5～0.8cm。覆土时先覆一层粗粒土，覆盖厚度为2.5～3cm，待菌丝长入粗土近三分之二时再覆细土，厚度为0.8～1cm。粗细土二次覆土法合理地满足了覆土层对透气性、持水性和保湿性的需求，但制作麻烦，费工费时。

3．草炭土覆土法

草炭土覆土法又称工厂化覆土法。草炭土是草本－木本泥炭，具有吸水性强、疏松多孔、通气性好、不易板结的良好物理性状。使用草炭土作覆土材料，一般可提早出菇3～5天，增产15%左右。目前国外特别是欧美各国的蘑菇栽培，几乎都使用草炭土作覆土材料。据荷兰蘑菇专家讲，在其30kg/m²的蘑菇产量中，有15kg菇是基础产量，一般生产技术就能够实现；有10kg菇是隧道发酵技术的结果；还有5kg菇是覆草炭土的结果。国外工厂化蘑菇生产一般采用75%湿泥炭和25%甜菜渣（碱性）混合覆土配方，但不同国家具体方法不同。荷兰采用的泥炭土覆土材料的组成为：黑色泥炭土65%、棕色泥炭土25%、纯河沙5%和磨碎泥炭岩5%，将之充分混合后使用。日本一般在土壤中添加泥炭土以改变土壤的通透性，在5m³土壤中添加1m³泥炭，再加入60kg碳酸钙、30kg石灰，混合后使用。我国很多地方也使用草炭土，采用纯草炭土和混合覆土两种方式。

（1）草炭土的选择　使用草炭土，应选择成熟度高、植物残渣少、黑褐色、物理性状较好的。块大而坚实、含泥量多的、湿润时易板结的不可用。取得草炭土后，要暴晒、打碎，使之颗粒直径在0.5～2.5cm，拣去植物残渣方可使用。

（2）制土工艺流程　根据不同气候条件，制土分为药物熏蒸和蒸汽灭菌两种。

① 药物熏蒸。使用药物灭菌的草炭土要求在覆土前一个星期制备好，制

备前要将场地清洗干净，消毒后方可工作。由于天然草炭土含有腐殖酸，草炭土在使用之前，需要加入碳酸钙，比例为草炭土85%、碳酸钙15%；加入碳酸钙目的是提高pH值，增加钙元素含量以及提高覆土的密度。将草炭土的pH调整至7.5～7.8、水分调整到饱和状态即可。例如，1间菇房菇床面积600m^2，按覆土0.04m厚计算用土约24m^3，先用24L甲醛和10kg多菌灵兑水2000～3000L拌土，塑料覆盖堆闷48h备用。草炭土进入混拌程序时，工人鞋子必须洁净并在消毒盘内踩过后方可进入工作区。药物熏蒸的具体流程为，第一，制土搅拌机中加入50袋草炭土、40kg轻质碳酸钙、10kg熟石灰，搅拌均匀；第二，加入伴有混合药物的水（药物定量，水不定量）；第三，加水搅拌，加水操作人员要时刻关注水分的多少，土搅拌成直径0.5～2.5cm颗粒为止；第四，制作好的草炭土用塑料膜覆盖48h。

② 蒸汽灭菌。把成袋的草炭土交叉摆放在托盘上，袋子之间留有空隙，利于蒸汽穿透。正确插好温度计，盖好塑料布，用沙袋压好底部，通入蒸汽，当温度达到56～58℃时，保持10个小时。蒸汽灭菌时，温度探头一定要整个压在袋子下面，同时灭菌温度不可超过60℃。拌土时加入轻质碳酸钙、熟石灰，加水调土成大颗粒，同时盖膜。

（3）制土注意事项

① 使用药物灭菌的草炭土要求在覆土前一个星期制备好。

② 制土负责人员要计算好原料和药物的用量，同时记录备案。

③ 用完药物的包装物要堆放指定地点，切记不要乱放。

④ 工作结束后将工作场地清理干净，制土车间要时刻保持卫生，禁止乱堆乱放杂物。

（4）覆土前平整料面应注意的问题

① 覆土前三天把长满菌丝的料面重新整平，操作时把隆起的料取下填充到凹陷处。填入到凹陷处的料必须压实，不能是虚的，以利于覆土时土层均匀一致。

② 为避免二次污染，操作人员服装要求洁净，鞋子要求经过消毒盘消毒方可进入工作区域。整平料面前拿入房间的工具、滑梯必须是经过清洗消毒的，整平结束后立即清扫冲洗地面。

（5）覆土方法及应注意问题

① 覆土方法。覆土可一次进行，不分粗土、细土，在培养料表面均匀覆盖厚度3～4cm的草炭土。

② 覆土注意问题。第一，注意工作人员和机械消毒。上土所用工具、滑梯必须经过消毒方能使用；工作服和鞋子干净，尤其是人工铲土工人的鞋子。第二，土层均匀一致。平整覆土时，要求土层均匀一致，要做到多退少补。易被忽视的是床边和床中间部分，都要做到均匀一致。第三，颗粒大小适度，颗粒间有

适度缝隙。粒径大于5cm的颗粒要求掰开，但也不要弄得太碎，覆土最好的颗粒粒径是0.5～2.5cm。平整好的覆土，要用木片轻轻拍打，使颗粒凸起部变平，但同时颗粒之间的缝隙明显存在。第四，覆土工作要求在一天完成，覆土后及时清理冲洗工具和场地。

六、覆土后发菌期管理

如果说料层发好菌等于农田已下好种子的话，那么覆土层菌丝长好长足又不徒长，等于农田已经出全苗。只有出苗才能长庄稼，也只有土层中发好菌丝才能出菇（这是土生菌的规律）。料层菌丝生长得再好，土层没有菌丝也不会出好菇，至少说不会产较多蘑菇。可见覆土后的发菌管理同样重要。覆土到出菇15～20天，期间以菌丝生长为主。

1. 温室、简易菇房（棚）覆土后发菌管理

覆土前期通微风，温度22～25℃，空气湿度80%～85%，通过"吊菌丝"促使菌丝向土层上生长（图5-96）。经过7～10天的生长，菌丝可达到距覆土表面1cm左右。逐渐加大菇房通风量，使菌丝定位在此层土层中，同时增加空气相对湿度到90%，降低温度到14～16℃，促使子实体迅速形成。经过5～7天后，就可见到子实体原基出现，进入出菇管理。爬土阶段温度不易过高，否则菌丝很容易结菌被和形成子座（菌丝分化形成地垫状结构），严重影响产量。

图5-96　菌丝爬土

2. 工厂化覆土后发菌管理

以100m²出菇面积为例，覆土后1周，维持床温23～25℃，室内气温21～22℃，通风量200～300m³/h，CO₂含量在1%～0.4%间浮动。覆草

炭土完毕后，需要对培养床面的草炭土浇水，一般7天喷水4次约450L，空气湿度控制在80%～85%。菌丝萌发入土见图5-97。

图5-97　菌丝萌发入土

一般情况下，菌丝穿透草炭土厚度70%～80%，约7天可以使用搔菌机或耙等工具搔菌，将2cm厚度草炭土表面耙松，主要目的是将粒径大于3cm的草炭土打散，使菌丝可以更加容易和均匀地向外生长，以利于菇蕾均匀地扭结。搔菌后将床面上多余的草炭土用耙等工具除掉，使长出床面的菌丝更均匀，让整个栽培室整齐扭结，为以后的统一管理、集中采摘打下基础。

3. 注意事项

① 草炭土是双孢菇理想的覆土材料。目前所有覆土材料有河泥、水稻田土、菜园土、冲积壤土等，无论上述哪一种覆土材料，绝对含水量不足20%（俗称"饱墒"，为适耕上限，土壤有效含水量最大）。其原因是土壤由石头风化而来，含有大量的沙粒（二氧化硅），所以土壤含水量很低，难获高产。草炭土具有高孔隙度，吸水率高达78%，而且吸水速度快，可满足子实体生长需要的大量水分，不容易造成漏床现象，能够大幅度提高单产产量。

② 覆土要均匀并用木板刮平，并且不能过厚过薄。无论是机器覆土还是人工上土，要求土层均匀一致，这一点及其重要。覆土不均的害处：一是打水时厚的土层水分不够，而薄的土层水分会渗入料内；二是菌丝上土时间不一，从而导致出菇不整齐。覆土过薄，吸水保水性能差，易出密菇、小菇、薄皮菇、开伞菇；覆土过厚，透气性差，易出稀菇、大菇、顶泥菇，产量低。

③ 根据土中水分情况，经常向土中雾状喷水，保持土层湿润，喷水时要轻喷、细喷、勤喷，切忌过多水分流入料中。若有冒菌丝现象出现，在菌丝处补盖一层薄薄的土，厚度以盖住菌丝即可。

第九节　出菇管理技术

一、温室、简易菇房（棚）出菇管理

我国北方双孢菇一般在八月中旬进行培养料发酵，9月上旬播种，10月上旬出菇。秋菇管理10月初到12月中旬，约出3潮菇，占总产量70%～80%。越冬管理12月中旬至第二年3月中旬，此期出菇少。春菇管理3月上旬至5月初，约出3潮菇，占总产量20%～30%。北方采用日光温室出菇可有效延长出菇时间，并解决了南方一些产区由于冬季温度低而不能正常出菇的难题。只要按双孢菇的生长规律合理用水、调节温度、及时通风，进行精细管理，一定能获得好的收成。

地栽出菇见图5-98、层架出菇见图5-99。

图5-98　地栽出菇　　　　　　　　　　图5-99　层架出菇

温度、湿度、通风及光照是出菇期管理的关键，它们之间既对立又统一，协调好它们的矛盾对产量和质量至关重要。温、湿、气之间协调处理的要求是，在

保证菇棚空气新鲜、温度适宜的同时，要尽量调节好菌床水分和空气湿度；在菇棚温度、湿度调整正常的情况下，要维持一定通气量，为秋冬季蘑菇生长发育创造良好的环境条件。

（1）温度管理　子实体生长发育的温度范围为4～24℃，最适生长温度为14～18℃，最适温度下菇体大而肥厚、出菇量多。温度高于19℃时，子实体生长速度快、菌柄长、肉质疏松、易开伞、品质差。低于12℃时，子实体生长缓慢，但菇大而肥厚（图5-100）、组织致密、质量好。

① 秋季管理。秋季温度总的趋势是从高到低，是有利于生产的，使子实体尽量处于14～18℃的环境中，

图5-100　菇大而肥厚

菇体厚实不易开伞（图5-101）。秋季前期常受到"翻秋"和"秋老虎"威胁，有时气温可达22℃以上，菇体细长易开伞（图5-102）。应设法降温，如向阳一侧加厚薄膜上的覆盖物，并多开门窗通风降温，中午气温高时关闭门窗，晚间、清晨气温低时再开窗通风，同时在地面或墙壁上适当喷水也可降温。待温度降下后，即可整理菌床，捡去死菇及发黄菌丝束，并适当补土，使菌丝恢复正常，再进行出菇管理。秋菇后期，温度逐渐下降，又常遇到寒潮侵袭，应加强管理，以免温差过大，出现"龟皮裂""硬开伞"和"死菇"现象。秋季前期应加强防寒保温工作，要关闭朝北面门窗及通风设施并加设挡风屏障，严防北风进入。避免在低温的夜晚及清晨换气，中午外界气温较高时，可以开南面窗进行通

图5-101　菇体厚实不易开伞

图5-102　菇体细长易开伞

风，有条件的菇房可以加温维持菇房温度稳定，以延长秋菇的产菇期，增加秋菇产量。

② 冬季管理。日光温室条件好的，可在冬季继续出菇。此时管理重点是保持菇房内温度不低于8℃，白天保持在15～17℃。条件差的可以不出菇，要求菇房温度保持在4℃以上，防止土层上冻。进入冬季低温期以后，若想继续出菇，就必须在保温的基础上给菇棚增温。冬季给菇棚增温的主要措施有净化棚膜，增加透明度，提高透光率；加厚草苫、棉被，确保夜间少降温；在保证空气新鲜的情况下尽量少通风，减少通风次数和时间，必须通风时要选在中午温度高时进行；棚内增温可采取火墙和地下火炕，如果采用火炉增温（图5-103、图5-104），要防止煤烟进入棚内，还可以采用双棚增温的方法增加温度（图5-105）。

图5-103　火炉增温

图5-104　增温大棚

图5-105　冬季低温时双棚增温

③ 春季管理。春季温度变化大，前期可能低于0℃，后期可能高达30℃以上，因此前期应注意保温。调水不可过早，避免床面过湿，防止春寒伤害菌丝。通风换气要少，尽量安排在中午气温高时进行，使菇房内空气新鲜。中后期应以

降温保湿为主，如温度较高，白天高温时不通风，夜间温度低时再通风，菇房顶可加盖草苫，室内地面浇水降温，而床面则控制用水或不喷水。

（2）湿度管理　子实体含水量为89%～91%，生育阶段所吸收的水分，主要来源于培养料、覆土层和空气湿度。俗话说无水不成菇，长1kg菇子实体需要2.5kg的水，水分管理决定菇蕾能否形成、何时形成以及形成的数量和产量。喷水是双孢菇出菇阶段的重要管理技术，实践性强，对出菇期的喷水要掌握好"九看九忌"，这是根据双孢菇的生物学特性，经长期栽培实践经验总结出来的喷水技术，对指导菇棚水分管理有重要意义。水分管理还可参考以下原则：结菇水要狠，出菇水要稳，转潮水要准，维持水要常，同时不打关门水。下面整理了双孢菇的浇水要点，供大家参考。

① 喷好压菌水、结菇水、出菇水、转潮水、越冬水和发菌水

a. 压菌水。在床面有菌丝冒出（图5-106），说明菌丝已发至料底并在土层内已充分发好，具备了结菇能力，此时应喷压菌水。一般每平方米料面喷水约1kg，分为早晚各一次，达到土层厚度的1/2洇透水即可。

b. 结菇水。菌床覆土调水"吊菌丝"后，当蘑菇菌丝在土层内已充分繁殖，并长到一定部位（距离土表下1cm）时，需及时喷一次重水，以迅速增加土层的湿度，促使绒毛状菌丝变粗并形成线状菌丝，进而扭结出菇（图5-107），这次重水叫作"结菇水"。用水量控制在2～2.7kg/m²，2天内分4次喷完。

图5-106　菌丝冒出

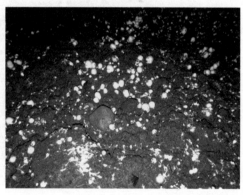
图5-107　扭结出菇

c. 出菇水。菌床喷"结菇水"以后，当原基普遍形成，并大部分发育成黄豆般大小的菌蕾时，需及时喷一次重水，进一步补充土层的湿度，满足迅速生长的菌蕾对水分的需求，使子实体正常出土，以达到高产优质，这次重水叫作"出菇水"，又称"保质水"。用水量为2～2.5kg/m²，在2天内分4次喷完（图5-108、图5-109）。

d. 转潮水。采菇后停水2～3天（茬次越靠后，此期越长），绒毛状菌丝长大变粗时喷。一般喷2天，2次/天，每天1kg/m²。注意事项是喷前清除死菇及

图5-108　喷出菇水后3天

图5-109　喷出菇水后5天

老菇根，采菇处用土填平。

　　e. 越冬水。越冬期水分管理分干越冬和湿越冬两种。干越冬就是在越冬期间菌床基本不喷水，覆土层处于偏干状态，直到翌年春天气温回升时再采用喷重水方法重新调整湿度。湿越冬就是在越冬期间每周喷水1～2次，每平方米用水量0.5kg，使覆土不发白，捏得扁，搓得碎，呈半干半湿状态，含水量约15%（图5-110）。

图5-110　越冬菌床

　　f. 发菌水。采用干越冬方法的菌床前期应喷施发菌水，即在3月初用1%的石灰水喷洒，调整覆土层的含水量，促使土层内菌丝萌发生长。发菌水要求一次用够，而且用量要恰到好处，防止用量不足、土层过干菌丝不能正常生长；也不可用量过多，土层过湿而使菌丝失去活力。发菌水总的用量3kg/m²，2～3天喷完，每天喷1～2次，喷水期间和喷水后应适当进行菇房通风。喷好发菌水后，土粒要捏得扁，无裂口，含水量18%。

　　出菇管理水分管理表见表5-7。

表5-7　出菇管理水分管理表

	结菇水	出菇水	维持水	转潮水	越冬水	发菌水
原则	"狠"	"稳"	"常"	"准"	"少"	"足"
喷水时间	菌丝距土表1cm	大部分菇蕾长到黄豆大小，结菇水喷后3～5天	菇蕾生长期间	采菇后停水2～3天后，绒毛状菌丝长大变粗时喷	12月中旬到第二年的2月末	3月初
喷水量及方法	2～2.7kg/m²，2天，2次/天	2～2.5kg/m²，2天，2次/天	每次用水量0.5kg/m²	1kg/m²，2天，2次/天	0.5kg/m²一周1～2次	3kg/m²，2～3天，1～2次/天
要点	喷水后通风1～2h，适度散发土层水分	秋菇由多到少，春菇由少到多	菇多多喷，菇少少喷；菇蕾生长前期多喷，后期少喷	清除死菇及老菇根，采菇处用土填平	温度低于10℃时，减少喷水；温度低于5℃时，每周喷一次	用1%的石灰水喷洒

② 对出菇期的喷水要掌握好"九看九忌"

a. 喷水"九看"：

一看菌株喷水：贴生型菌株耐湿性强、出菇密、需水量大，同等条件下，喷水量比气生型菌株多。

二看气候喷水：晴朗干燥天气，菇棚喷水量要多；阴雨潮湿天气，要停水或少喷水。

三看气温喷水：气温适宜时适当多喷水；气温偏高或偏低时要少喷水、不喷水或择时喷水。例如在土层调水期间，遇到25℃左右的高温时，喷水应选择夜间或早晚凉爽时进行；气温在12℃以下时，宜在中午或午后气温较高时喷水。

四看菇棚保湿性能喷水：菇棚不严、漏气严重、保湿性能差，要多喷水、少通风；反之，喷水量要适当减少，通风量增多。

五看土层持水能力喷水：覆土材料偏干、黏性小、砂性重、持水性差，喷水次数和喷水量都要增多；覆土材料偏湿、持水性好，应采用轻喷、勤喷的方法，且喷水量要小。

六看土层厚薄喷水：覆土层较厚，用水可间歇重喷；覆土层较薄，应分次喷水。

七看菌丝强弱喷水：覆土层和培养料中的菌丝生长旺盛，要多喷水，其中结菇水、出菇水或转潮水要重喷；菌丝生长细弱无力，要少喷、轻喷或喷维持水。

八看菇体多少和大小喷水：出菇高峰期，床面菇多而大，吸水量大，水分蒸发快、消耗多，喷出菇水、转潮水和维持水时要相应增加用量；如果床面菇少而小或进入产菇后期，喷水量则要相应减少，必要时见菇喷水。

九看菌床所处位置喷水：床架下层和靠近门窗处的菌床，由于通风条件好，水分散失快，应多喷水；床架上层和菇棚四角靠边的菌床，通风条件很差，水分散失慢，应少喷水。

b. 喷水"九忌"：

一忌喷关门水：喷水时和喷水后，不可马上关门或关通风口，避免菌床菌丝缺氧窒息衰退，防止菇体表面游离水滞留时间过长产生斑点。

二忌喷水不匀：防止土层菌丝出现"包衣"，避免菌床出菇参差不齐，或出薄皮菇、小菇等。

三忌高温时喷水：发菌期气温在25℃以上，产菇期气温在20℃以上时，菌床不宜喷水。避免菇棚高温高湿，造成菌床菌丝萎缩、死菇增多和诱发病害。但床面菇体长至1cm以上时，不要一概停水，若需喷水也应选择早晚或夜间进行。

四忌采菇前喷水：菌床至少在采菇前2个小时喷水通风。防止菇体采收时与手接触，变红或产生色斑。

五忌寒流来时喷重水：避免菌床降温过快，菇棚温差过大，造成死菇或产生硬开伞。

六忌喷过浓的肥水或药水：防止菌床产生肥害、药害，避免因反渗透作用而使菌丝细胞出现生理脱水萎缩，造成菇体大量死亡或发红变色。

七忌阴雨天气喷重水：避免菇棚处于高湿状态，控制菌床病害的发生，防止菇体发育不良。

八忌菌丝衰弱时喷重水：防止菌床产生退菌。

九忌菌床一次性全面泼浇重水：避免土层起浆发黏，造成土粒瘫散形成板结，防止发生"漏床"造成退菌，以延长菌床产菇寿命。

喷水是双孢菇出菇阶段的重要管理技术，而且实践性强，单靠理论指导是不够的，有时甚至会适得其反、事与愿违。从某种意义上讲，喷水技术取决于实践经验，而实践经验只有在菇棚管理的长期实践中方能掌握。

③ 根据不同季节进行水分管理秋季结菇水要狠，出菇水要稳，转潮水要准，维持水要常，同时不打关门水。冬季温度低于10℃时，减少喷水；温度低于5℃时，每周喷一次。春季菇调水总的原则是"3月稳、4月准、5月狠"。春季菇3月调水时可先喷pH8.0～9.0的石灰清水3～4次，增加土层的碱性。每隔1～2天喷水一次，每次喷水200g/m²，使土能捏得扁、搓得碎，土层含水量达18%。4月气温升高，大批出菇，一般每天喷水500g/m²，达到秋菇时土层湿度，保持土搓得圆、捏扁有裂口。5月气温较高，床面耗水量多，每天喷水500～700g/m²，使土层稍黏手，加快出菇。

④ 使用微喷，提高喷水质量。微喷时水从特制的微孔内喷出，由于其雾滴直径通常小于0.5mm，可在整个大棚内形成毛毛雨水雾，空气相对湿度在短时间内迅速达到95%，具有节水、保湿、省时、省力等优点（图5-111）。

⑤ 喷水管理工作应做到专人负责、工具专用。管理人员每天要收听天气预报，根据气候变化，随时调整喷水量和喷水时间。喷水时雾滴要小，力求均匀；喷头应提高并稍倾斜，防止水流直喷幼菇上。喷水前后要及时检查土粒的干湿度，以便根据土层干湿情况调节喷水量。干处多喷，湿处少喷，促使均匀出菇。

⑥ 建造蓄水池，保证水温。在菇棚中央建蓄水池（图5-112），一亩大棚蓄水池长3m、宽2m、深1.5m，总体积9m^3，可储存水8m^3，约4000kg。蓄水池可以保证水温，防止水温过低影响蘑菇生长。

图5-111 微喷

图5-112 蓄水池

（3）通风管理

① 秋菇前期。秋菇前期，气温高于20℃时，通风管理以降低温度，尽量保持湿度90%左右为原则。通风应在夜间及清晨室外温度比室内温度低时，特别是雨天应将门窗全部打开，以利于吸入比室内温度低和湿度大的新鲜空气。当室外温度在16～20℃时，背风通风口要日夜常开，夜间无风时应把所有门窗打开。菇棚通风时，可采用通风口上挂湿草帘的方法，既能保持菇棚内较高的空气相对湿度，避免风直接吹向菌床，又可使棚内温度、湿度处于相对稳定的状态。为了防止外界强风直接吹入菇床，在选择长期通风口时，应选留对着通道的窗口，不要选择正对菇床的窗口，同时要避免出现通风死角。菇棚通风管理时，除了要兼顾温度、湿度这两个主要因素外，还应结合下列因素控制好通风时间，调节好通风量。如出菇较密的菌株，通风可多些；菇棚保湿性强、通气较差的，通风也应多些；雾天、阴雨天，通风时间可长些；培养料偏熟、铺料较厚的菌床，或打扦、撬料后处于养菌阶段的菌床，通风时间也应长些（图5-113～图5-116）。

② 秋菇后期。秋菇后期当气温降到14℃以下时，通风应在中午进行。白天只要棚内外温度相同、风力不大，通风时间可适当长一些，尽量引进棚外的热空气，以提高棚温。此时，要多开朝南的通风口，要随着气温的下降逐渐关闭部分直至全部通风口，特别是夜间温度较低时更要注意，绝对不让干燥寒冷的北风进入菇房。出菇以后，可以通过蘑菇的生长情况和外形状态变化来确定菇棚通风管理是否正常。在通风少、供氧差的菇棚内，菇体往往发育不良，出现畸形，严重

图5-113　利用窗户通风

图5-114　利用棚后墙通风口

图5-115　通"底风"

图5-116　通"腰风"

时不仅菇体不能发生，菌丝也会呈现早衰状态，同时病虫害发生严重。在通风过量的菇棚内，菇体往往外观发黄，或起鳞片，或出现硬开伞，有时会出现幼菇大批死亡的现象。

③ 越冬期。应将朝北拔风筒堵塞，封闭朝北通气窗。朝南通风门窗应挂防风帘子。在严寒季节应缩短通风时间，以菌床不发生冻害为准。

④ 春菇阶段。气温变化大，前期有时仍在0℃左右，后期常出现30℃左右高温。因此，春菇前期应以保温、保湿为主，要少通风，通风安排在中午高温时进行。春菇后期以降温保湿为主，要加强抗高温措施，白天少通风或不通风，夜间或清晨多通风，尽早降低菇房温度，赢得更多的出菇时间。

（4）光线管理　双孢菇在生长发育过程中，不论是菌丝阶段还是子实体阶段，都不需要光线。蘑菇最忌讳阳光直射，直射光会引起子实体徒长，表面干燥变黄，导致蘑菇品质下降。所以在双孢菇栽培时，菇棚管理可在无光线的黑暗条件下进行，但微弱的散射光对蘑菇生长没有抑制作用。经研究，菇棚的光线达到0.2lx就已足够，且微弱散射光对子实体生长还有促进作用。由此可见，加强栽培场地的遮阳措施和采取弱光管理，是蘑菇生长发育良好的必要条件。大棚栽培双孢菇的光线控制方法主要是用草帘子或遮阳网在大棚上面覆盖，挡住阳光的辐射，即达到降温目的（图5-117）。

（5）**菌床卫生管理**　每一次采菇等作业以后，应及时剔除老菌根、死菇、病菇，并喷洒一些杀虫剂或撒石灰粉，以便有效地杀灭害虫和杂菌。在老根、死菇清除的空穴处，要及时补上湿润的细土（补土不能使用干土，以免影响菌丝的再生和结菇），保持床面平整，防止低洼处积水损伤菌丝。

图5-117　暗光管理

二、工厂化出菇管理

工厂化周年栽培的出菇管理，由于采用自动调温调湿，蘑菇又是恒温出菇类型，所以管理相对简单。出菇期温控根据不同品种，调节在13～18℃范围内，粪草料的湿度控制在60%～65%，菇房空气相对湿度控制在90%～95%，二氧化碳浓度低于0.2%。菇床的喷水管理根据覆土的干湿度决定加水量，具体方法可参考前面的水分管理。培养料的含水量除感官检测外，还可用水分测量仪测定。菇房空气相对湿度管理采用自动增湿机增湿，增湿机的喷雾雾点大小和喷量是可控的，并且可以调节新鲜空气的进入量和循环量。具体管理措施如下。

1. 诱导蘑菇原基形成阶段管理（以100m² 出菇面积为例）

以100m² 出菇面积为例，菌床覆土后8～10天，等菌丝长到覆土层2/3时降温诱导蘑菇原基形成。料温降低到15～17℃，空气温度降低到14℃，空气相对湿度保持在90%～92%，二氧化碳浓度低于0.2%，这种环境促使蘑菇菌丝由营养生长转向生殖生长。一般而言，菇房通风降温3～4天之后在覆土表层形成菌蕾（原基）。具体注意以下几点。

（1）**降温**　覆土后第2周，一般第8～第10天，等菌丝长到覆土层2/3时再降温，过早降温会诱导原基在覆土内形成，对蘑菇的产量和质量产生恶劣影响。降温需要30～38h完成，持续约3天。在降温时将床温降到15～17℃，室内气温降到14℃，太慢第一潮菇出菇密度小。覆土后第3周；一般第18天生成大量原基，床温15～17℃，室内气温14℃（图5-118）。

（2）**增氧**　覆土后根据外界温度情况调节新鲜空气的进入量和循环量。覆土后第2周，一般第8～第10天时以2400m³/h的大通风量降温，同时将空气中的CO_2含量降到0.2%。覆土后第3周，一般第18天生成大量原基，维持800m³/h的通风量，将空气中的CO_2含量限制在0.2%。出菇期间空气CO_2含量超过0.2%，会对蘑菇的发育造成不利影响，如幼菇发育不良、朵小、菇轻、柄长、易开伞，或形成葱头形的畸形菇。CO_2含量如果超过0.6%，菇床"冒菌"即形成浓密的菌被而不出菇。

（3）**增湿催蕾**　覆土后第2周，一般第8～第10天时，根据覆土的干湿度，喷水3次约200L。覆土后第3周，一般第18天生成大量原基，喷水4次约500L。在生产实践中，喷水还须掌握一些技巧，如料温上升说明菌丝活力旺盛，需水量较大，如料温平稳或开始下降则限制喷水。喷水还要看堆肥含水量多少，水多少浇，水少多浇。幼蕾见图5-119。

图5-118　符合降温刺激标准的覆土层

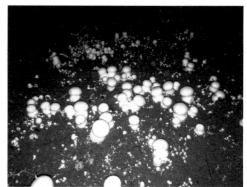

图5-119　幼蕾

2．出菇管理阶段

覆土后4～6周，进入出菇管理。这一阶段主要的管理工作是控制温度在14～17℃，供应氧气和排除废气，加强喷水管理。蘑菇发生及发育的环境条件（表5-8）和具体要点如下。

表5-8　蘑菇发生及发育的环境条件

时期	菇床			空气		
	温度/℃	水分/%	pH值	温度/℃	湿度/%	CO_2/%
覆土后	16～25	65～68	7.0～7.2	22～15	90～95	1～0.4
出菇期	16～17	65～66	6.5～6.8	15～16	80～85	0.2以下

（1）**控制温度**　温度最好保持在 14 ～ 17℃，这个温度不仅适合菇体发育，还可抑制杂菌与害虫的繁殖。在第一潮、第二潮菇大量发生时，必须把室温降到 14℃，以提高蘑菇质量。采完一潮菇需要菌丝复壮再出菇时（转潮），可适当提高料温。当然，如果休假日需要延缓采菇，可把温度降到 12℃。但是，利用低温缓滞蘑菇的发育会造成减产，其损伤是不能完全恢复的。图 5-120 是栽培车间环境控制空调机组。

图 5-120　栽培车间环境控制空调机组

（2）**供应氧气和排出废气**　蘑菇空调化生产需要供应氧气和排出废气（主要是 CO_2），菇房每小时必须换气即供新风若干次。为使菇房各处达到均一的气候条件，避免局部温差和 CO_2 浓度过高，还要充分进行室内空气循环（图 5-121），出菇期的空气循环需要每小时 10 ～ 12 次。为了提高蘑菇的产量和质量，室内 CO_2 含量必须保持在 0.2% 以下，人进菇房有憋闷的感觉，就应该加大通风供氧量。在空调菇室中，可在蘑菇发育阶段（菌盖直径 1.5 ～ 2cm）减少通风，适度增加 CO_2 含量促使菇柄伸长，便于割菇机运行。为了防止吹干床面，风筒下可挂带孔薄膜（表 5-9、表 5-10、图 5-122、图 5-123）。

通风管道

图 5-121　加强通风

表5-9　不同床温、不同产菇量情况下的菇房所需通风量

床温/℃	产菇量/（kg·m⁻²）	菇房内需换新鲜空气/（m³·h⁻¹·m⁻²）
16	2	2.0
18	2	2.8
16	3	3.0
18	3	4.2
16	5	5.0
17	5	6.0
18	5	7.0
20	6	12.0

注：装湿料100kg/m²。

表5-10　菇房空气CO_2含量对出菇的影响

CO_2/%	原基	幼菇	成菇
0.1以下	大量发生	正常出菇	柄短、正常
0.2～0.3	少量发生	葱头形	柄长、开伞
0.4～0.5	很少发生	畸形、枯死	畸形
0.6以上	形成菌被	无菇	无菇

图5-122　防风挂膜图片

图5-123　带孔薄膜图片

（3）**加强喷水管理**　蘑菇长到黄豆粒大小开始加水，并且根据覆土的干湿决定加水量。随着菇蕾的长大，降低空气相对湿度至80%～85%。在生产实践中，喷水还须掌握一些技巧，例如，料温上升说明菌丝活力旺盛，需水量较大；料温平稳或开始下降则要限制喷水。喷水还要看堆肥含水量多少，水多少浇，水少多浇。菇蕾长到米粒大小时少喷水，幼菇密要多喷水。喷水后2～2.5h必须使菇体晾干，否则易发生细菌性斑点。一潮菇采摘75%～80%就要及时补水，促进二潮菇发育。三潮菇喷水量要少，因为料的活力降低，且病害易滋生，一般采三潮菇就停采。总之，正确喷水很关键，喷水管理不当就可能前功尽弃（图5-124）。

第一批蘑菇出菇。子实体成熟后即可采收，采摘周期为3～4天。采摘结束后，对培养床面进行浇水，每日1.5～2L/m²，持续3～4天。此步骤中，室温控制在16～20℃，培养料温度控制在18～22℃，空气湿度控制在65%～80%，二氧化碳浓度0.8%～1.5%（图5-125）。

图5-124　保持地面湿润

图5-125　第一批蘑菇出菇

第二批蘑菇出菇。采摘周期为3～4天。采摘结束后，对培养床面进行浇水，每日1.5～2L/m²，持续3～4天。此步骤中，室温控制在16～20℃，培养料温度控制在18～22℃，空气湿度控制在65%～80%，二氧化碳浓度0.8%～1.5%（图5-126）。

第三批蘑菇出菇。采摘周期为3～4天。采摘结束后，对培养床面进行浇水，每日1.5～2L/m²，持续3～4天。此步骤中，室温控制在17～20℃，培养料温度控制在18～22℃，空气湿度控制在65%～80%，二氧化碳浓度0.8%～1.5%。

（4）**及时清理菇房和保持场地卫生**　菇房必须讲究卫生，因为一个细菌进菇房10h，适宜条件下就能繁殖成100万个！所以杂菌侵染对蘑菇生产是毁灭性的，尤其夏季更严重。菇房进气必须用过滤装置滤除杂菌孢子，过滤器面积0.36m²/100m²（图5-127）。

图5-126　第二批蘑菇出菇

图5-127　及时清理菇房和保持场地卫生

第十节　双孢菇采收、分级、保鲜

一、采收时机

当子实体长到标准规定的大小且未成薄菇时应及时采摘。柄粗盖厚的菇，菇盖长到3.5 ~ 4.5cm未成薄菇时采摘；柄细盖薄的菇，菇盖在2 ~ 3cm未成薄菇时采摘。潮头菇稳采，中间菇少留，潮尾菇速采。菇房温度在18℃以上要及早采摘，在14℃以下可适当推迟采摘。出菇密度大要及早采摘；出菇密度小，适当推迟采摘（图5-128 ~ 图5-133）。

图5-128　适时采收子实体

图5-129　适时采收子实体的菌肉

图5-130　采收较晚的子实体

图5-131　采收较晚的子实体菌肉

图5-132　采收过迟的子实体

图5-133　采收过迟的菌肉

二、采收卫生要求

　　采摘人员应注意个人卫生，不得留长指甲。采摘前手、工具、器具要经清洗消毒，保证菇盖不留机械伤、不留指甲痕，菇柄不带泥根。由于人体温度和菇体温度存在差异，在潮湿的环境条件下直接用手指去捏菇体，会产生指纹印，因此要戴上手套采摘（图5-134）。

图5-134　戴手套、戴头罩采菇

三、采收方法

　　鲜菇采收有人工采收和机械采收两种方法。人工采收时，采收人员站在附架

图5-135　采摘丛菇

视频5-1

于床架边梁上的可升降采收车（篮）内进行手工逐个采收，采后的鲜菇集中加工。人工采收时，在菇较密或采收前期（1～3潮菇），采摘时先向下稍压，再轻轻旋转采下，避免带动周围小菇；后期采菇时采取直拔。采摘丛菇时，要用小刀分别切下（图5-135）。采收见视频5-1。

采摘时应随采随切柄，切口平整，菇柄和菇帽比例为1∶3，不能带有泥根，切柄后的菇应随手放在光滑、洁净、通风的塑料筐中，用车运到冷库（图5-136、图5-137）。

图5-136　装筐

图5-137　装车

机械采收是采用专用采收车沿着床架行走进行割采，采收后的鲜菇由传送带传出集中加工。为适应机械采收，对蘑菇菌床中粪草发酵料熟度、厚度的一致性，菌种种龄的一致性都有严格的要求。

四、采收后管理

1．挑根补土

每批菇采收后，应及时挑除遗留在床面上的老根、菇脚、病菇和死菇。因其已失去吸收养分和结菇能力，若继续留在土层内不仅影响菌丝生长、推迟转潮时间，而且时间长了还会发霉、腐烂，引起病虫危害（图5-138、图5-139）。

图5-138 留下的菇根

图5-139 发霉、腐烂

每批菇采收后把带走的土补上（不要补干土），使床面平整（图 5-140、图5-141）。补土见视频5-2。

视频 5-2

2．喷水追肥

每次挑根后，需及时用较湿润的覆土材料重新补平，保持原来的厚度。每次采收后停止喷水2～3天，待菌丝恢复生长后继续喷水。要根据覆土情况决定加水多少，同时打一次杀菌剂，不论任何时间加水都不能过多渗入料内。第二潮、第三潮菇以后，结合喷水向菇床进行追肥。

图5-140 补土工具

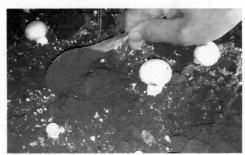

图5-141 补土

3．保持卫生

每次采完菇离棚前，及时清理地面（包括菇房内和通道）。在菇房内和通道地面不许残留菇根、泥土、培养料和其他残留物，保持地面干净，并保证菇棚通道全天干净。

采收时做到"三无""三轻""三边""三快""一减少"。"三无"即采摘的菇要无泥根、无虫蛀、无机械损伤；"三轻"即轻采、轻切、轻放；"三边"即边采摘、边切根、边分级；"三快"即快收、快装、快运；"一减少"即减少对菇体的翻动次数。

五、分级要求

根据国家鲜双孢菇标准，一级品、二级品菇均要求色泽洁白，具有鲜蘑菇固有气味，无异味，蛆、螨不允许存在。脱水量为：鲜菇经离心减重不超过6g，经漂洗后的菇不超过13g。一级品要求整只带柄、形态完整、切开为实心、表面光滑无凹陷、呈圆形或近似圆形，直径3cm以下，菇柄切削平整，柄长1.5cm以下，无薄菇、无开伞、无鳞片、无空心、无泥根、无斑点、无病虫害、无机械伤、无污染、无杂质、无变色菇。二级品要求整只带柄、形态完整、切开见菌褶、表面无凹陷、呈圆形或近似圆形，直径2～4cm，菇柄切削平整，柄长2cm以下，菌褶不变红、不发黑，畸形菇不多于10%，无开伞、无脱柄、无烂柄、无泥根、无斑点、无污染、无杂质、无变色菇，允许小空心、轻度机械伤。分级后装箱（图5-142）。鲜蘑菇的品质标准见表5-11。

表5-11　鲜蘑菇的品质标准

级别	指标描述
1级	菌盖不开伞、切开为实心、直径3cm以下、柄长1.5cm以下
2级	菌盖不开伞、切开见菌褶、直径2～4cm、柄长2cm以下
3级	菌膜略开、未开伞、直径4～6cm、菌柄长2.5～3cm
级外	开伞菇约占5%，主要用于制作蘑菇汤料

图5-142　分级后装箱

六、保鲜

1. 低温保鲜

低温贮藏是双孢菇常用的保鲜技术。蘑菇采收后，修剪菇柄，放入 3 ~ 4℃的冷藏室（图5-143）中，同时还要注意经常通风，控制冷库二氧化碳浓度不超过0.3%，这样在冷库内贮藏的蘑菇可保鲜1周。

图5-143　冷藏室

2. 气调保鲜

采摘下的鲜蘑菇经漂洗分级后，沥干水分，装入通风塑料筐中（图5-144）或分装于塑料袋内。调整袋内或冷库的氧气和二氧化碳浓度，使氧气浓度降低为1%，二氧化碳浓度为2.5%。袋内最好放入吸水材料，防止冷凝水产生。在这种环境下，蘑菇菌盖开伞和菌柄伸长极为缓慢，生长明显受到抑制，开伞很少，蘑菇洁白。气调保鲜可用于蘑菇商贸活动中。

图5-144　装入通风的塑料筐中

七、撤料、消毒、培养料再利用

出菇结束后，需及时撤料，把菇棚打扫干净，进行严格消毒，为下茬蘑菇或其他作物生长创造有利条件。

1. 撤料、消毒

具体做法是：先用甲醛和敌敌畏对培养料进行一次熏蒸，熏后运送到离菇棚较远的地方，以免潜伏在培养料内的杂菌、害虫重新传播到菇棚和污染菇棚周围的环境。如采用设施菇棚地面畦床栽培的，需铲除3 ~ 5cm的老土，重新换上新土，揭开大棚塑料布，暴晒3 ~ 5天。若有立体搭架，将能撤下的床架全部搬出，沉入水中浸泡5天左右，然后取出刷洗干净，暴晒至干。在下茬蘑菇培养料进棚前，在墙四周、地面喷一次0.1%的多菌灵或5%的石灰水。

工厂化栽培在收获完毕后，在风机工作的状态下向菇房注入蒸汽消毒后撤料。料灭菌前关闭新风口，大门密封，启动风机40h，检查是否有漏气的地方。消毒时温度探头要插在底层，注入蒸汽使料温达到65℃保持4h，或60℃保持8h以上杀菌。将温度降下来，清料时将尼龙拖网与菇室门口一短的卷网机连接，然后慢慢卷拖尼龙网从床上拖出残料。如果不能及时撤料，当温度下降到50℃以下时，要及时打开菇房大门。一个周期结束，准备下一个周期栽培。下料后清洗菇房和网布，待下次上料时再进行药物灭菌后，方可上料（图5-145、图5-146）。

图5-145　撤料

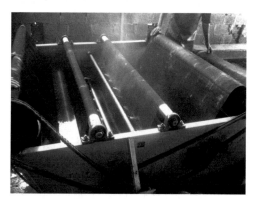

图5-146　清洗网布

2. 培养料的再利用

出完菇后的残料占播种时堆肥干重的2/3，经测定，蘑菇残料中的有机质含量高达48%，含氮1.5%，是高质量的有机肥。由于残料质地松软，经过发酵和蘑菇菌丝进一步的分解，可溶性、速效肥含量高，便于植物的吸收和利用。种植户用蘑菇废料经发酵后种植葡萄、草莓、番茄等，不但节约了成本、疏松了土壤，而且产品品质好、产量高（图5-147、图5-148）。蘑菇残料的化验分析结果见表5-12。

表5-12　蘑菇残料的化验分析结果

成分	比例/%	成分	比例/%
有机质	48.00	P_2O_5	1.51
腐植酸	20.67	K_2O	2.08
N	1.50	其他	26.24

图5-147　蘑菇废料种葡萄

图5-148　蘑菇废料种草莓

第十一节　温室番茄套种双孢菇

一、技术优点及栽培季节

1. 技术优点

该技术在不影响主栽作物产量和品质的前提下，利用大垄双行栽培番茄（大行距90cm，小行距60cm）的小行间内套种双孢菇，实现地上产番茄、地面产双孢菇的立体栽培模式，实现菜菇双丰收，提高单位面积产值和效益。以温室跨度7m计算，一亩地可用于栽培双孢菇的面积约100m^2，双孢菇亩产约750kg，极大地增加了经济效益。

2. 栽培季节

辽西地区温室番茄定植时间为8月下旬，生长期7个月。双孢菇9月初堆料，10月初接种，10月末覆土，11月中旬出菇，翌年5月末结束。

二、具体方法

在小行间做宽30cm、深15～20cm的浅水沟，中间铺菌料、播种、养菌、出菇。栽培管理参照双孢菇进行。

1. 主要原料

主要栽培原料为玉米秸秆、玉米芯、牛粪（图5-149、图5-150）。

图5-149 玉米秸秆、玉米芯

图5-150 牛粪

2．建堆发酵

见图5-151、图5-152。

图5-151 建堆

图5-152 翻堆

3．套种结构图

见图5-153。

图5-153 套种结构图

4．播种、发菌、出菇

见图5-154～图5-157。

图5-154　播种

图5-155　发菌初期

图5-156　发菌后期

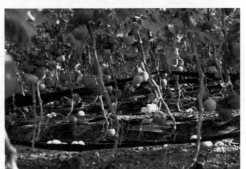

图5-157　出菇期

第十二节　双孢菇常见病虫害及防治

在双孢菇栽培中，会受到多种病虫危害，现介绍几种常见的病虫害及预防措施。

一、链孢霉

1．症状

链孢霉又叫面包霉，俗称红霉菌、红娥子，之所以叫它面包霉是因为感染上链孢霉的料面迅速形成橙红色或粉红色的霉层。链孢霉之所以被称为"克星"主要因其有两个特点，一是长速快，30～40℃下8h长满试管，所以一夜之间可以造成"满堂红"；二是穿透力强，链孢霉菌丝产生的孢子团穿透力极强，可以穿透袋口和瓶口，并且孢子可以随风传播。所以链孢霉有喜高温、耐高温、穿透力强穿破菌袋的特点（图5-158）。

图5-158　链孢霉病菇

2. 发病条件和传播途径

（1）发病条件

① 温度：链孢霉菌丝在4～44℃均能生长，25～36℃生长最快，4℃以下停止生长，4～24℃生长缓慢。

② 湿度：在食用菌适生长的含水量范围内（53%～67%），链孢霉生长迅速。棉塞受潮时能透过棉塞迅速伸入瓶内，并在棉塞上形成厚厚的粉红色的霉层含水量在40%以下或80%以上，则生长受阻。

③ 酸碱度：培养基的pH在3～9范围内都能生长，最适pH为5～7.5。

④ 空气：链孢霉属好气性微生物，在氧气充足时，分生孢子形成快；无氧或缺氧时，菌丝不能生长，孢子不能形成。

⑤ 营养：菌种培养料中的糖分和淀粉过量是链孢霉菌发生和蔓延的重要原因之一。

（2）传播途径

链孢霉广泛分布于自然界土壤中和禾本科植物上，尤其在玉米芯上极易发生。其分生孢子在空气中到处漂浮，主要以分生孢子传播危害。

（3）防治办法

① 接种室和培养室内外要搞好常规消毒，被链孢霉污染的培养料切不可在菌种场内外到处堆放。链孢霉主要是经原料的麦麸、米糠等带入，所以要求菇农在选用原材料时，要用新鲜、无结块、无霉质的，同时要清理操作场地周围的霉烂物，当天制棒剩下的培养料一定要清理干净。

② 培养料和接种工具灭菌要彻底，接种箱认真消毒，菌种要求无杂。

③ 要求菌种适龄、健壮，接种要严格无菌操作，降低接种过程的杂菌污染率。严防划破菌种和栽培的塑料袋，防止链孢霉孢子从破口处侵入。

④ 降低培养室内空气湿度和温度，控制链孢霉的生长。

⑤ 要及时检查菌种瓶、菌种袋，如发现链孢霉，在分生孢子团（红色的链

孢霉菌块）上涂上柴油（可防止链孢霉的扩散），再将链孢霉挑出来烧毁，杜绝链孢霉孢子再次感染。

二、褐腐病

1．发病症状

蘑菇褐腐病是指染病的蘑菇在营养基质上呈不规则棉絮状菌团，表面被白色絮状菌丝覆盖，不长菇；也有的菌柄膨大，或菌伞缩小，呈畸形。以后溃烂，并渗出暗褐色液滴，有腐败臭味（图5-159）。

图5-159　褐腐病病菇

2．发生条件

疣孢霉是土壤习居菌，蘑菇褐腐病的初侵染源主要是覆土中的疣孢霉厚垣孢子。高温、高湿环境条件有利于疣孢霉病发生，当菇房温度连续几天高于18℃、空气不流通、相对湿度在90%以上时，疣孢霉病就会发生。

3．防治措施

① 覆土处理。覆土是疣孢霉的主要传播媒介，因而覆土消毒是控制褐腐病（疣孢霉病）发生的关键。覆土材料宜用距地表30cm以下的土，并进行消毒处理。

② 发病初期停止喷水，菇房通风降湿，温度控制在15℃以下。病区喷50%多菌灵可湿性粉剂500倍液，或1%～2%甲醛溶液。

③ 重病菇房清除原有带菌覆土，换用新覆土，烧毁或深埋病菇，所有用具用1.6%甲醛液浸泡消毒。

三、死菇

1．症状

菌床上长出的幼菇开始萎缩、发黄，最后成片或成批死亡（图5-160）。

图5-160　死菇

2．病因

① 出菇时连续数天温度超过22℃，造成营养倒流，菇蕾或幼菇因得不到营养而萎缩死亡。

② 菇房通气不良，二氧化碳浓度大，小菇因缺氧而死亡。

③ 覆土后至出菇前，菌丝生长过快，出菇部位高，出菇太密，部分菇蕾也因得不到营养而死亡。

④ 气温22℃以上，空气湿度95%以上，通气又差，造成菌丝体或覆土表面积水，小菇由于得不到充足氧气窒息而死。

⑤ 采菇时操作不慎，伤及小菇而死。

3．防治方法

选择最佳播种期，避开高温时出菇；调整好菇房温度，防止高温侵袭；喷水的同时要开门窗通风，防止床面积水；采菇时小心操作。

四、地雷菇

1．症状

地雷菇又称顶泥菇。指在培养料内、料表或粗土层下发生，长大后破土顶泥而出的菇（图5-161）。

图5-161　地雷菇

2．病因

① 培养料混有泥土、覆土层过干，使菌丝在覆土层下或培养料内扭结分化形成原基，顶泥而出。

② 土层通风过量、菇房温度降低，都会抑制菌丝向土内生长，造成提早结菇；土层过厚，调水不及时，调水过快、过急或调水后通风过量，土层湿度不够，菌丝迟迟不上细土，会使结菇位下降，最后形成地雷菇。

③ 结菇水喷用过早、过急或过大，会抑制菌丝向土层上部生长，使菌丝在粗土粒之间扭结形成原基，造成出菇稀、结菇部位不正常、"地雷菇"增多。

3．防治方法

科学调制培养料，达到含水量适中、料中无杂质、不混入泥土；覆土层要厚薄均匀、干湿均匀；覆土后及时恰当调水，调水的同时适当通风；通风量不易过大，调水后减少通风量，保持菇房空气相对湿度85%左右；勿使料温和覆土温度相差过大，促使菌丝向土层生长、幼菇顺利出土；适时适量喷洒结菇水。

五、边缘出菇

1．症状

土壤板结，菌丝难在土中生长，边缘出菇（图5-162、图5-163）。

图5-162　池子正面土壤板结　　　　　图5-163　池子边缘出菇

2．产生原因

由于喷水量过大，料透气性差造成土壤板结，菌丝不能上土影响了出菇。

3．防治方法

使用喷雾器或微喷，不能用水管直接喷。另外，在土中加入适量的稻壳也能防止土壤板结。

六、鳞片菇

1．症状

菌盖表面出现龟裂起皮，似鳞片（图5-164）。

2．病因

产菇期土层板结、土层含水少、空气湿度偏低，不能满足菇体生长所需的水分和营养；菇房温度低、干湿变化大，菇体处于低温及干燥的环境中，菌盖表皮细胞失水快、发育慢。

图5-164　鳞片菇

3．防治方法

产菇期保持适宜的土层湿度和空气相对湿度；菌床缺水要补水。

七、螨虫

1．发生特点

危害双孢菇的螨类较多，主要有蒲螨和粉螨。

① 蒲螨：雌虫身体呈椭圆形，两端略长，黄白色或淡褐色，扁平，长0.2mm左右，头部较圆，具有可以活动的针状螯肢。雄螨体较短，近似菱形，第4对足末端向内弯曲，跗节末端有一粗爪。蒲螨行动较缓慢，喜群体生活，主食菇类菌丝，制种、发菌、出菇期都有发生。大量发生后，犹如撒上了一层土黄色药粉。

② 粉螨：体形比蒲螨大，圆形，白色，单个行动，吞食菌丝。大量发生时，可使培养料菌丝衰退，但不造成毁灭性危害。

2．危害情况

螨繁殖能力极强，个体很小，分散活动时很难被发现，当聚集成堆被发现时，已对生产造成损害，使人防不胜防。螨不仅危害食用菌本身，而且对人体也有危害。一是螨直接取食菌丝，造成接种后不发菌或发菌后出现退菌现象，导致培养料变黑腐烂。二是取食子实体，子实体生长阶段发生螨害时，大量的菌螨爬上子实体，取食菌褶中的担孢子，并栖息于菌褶中，不但影响鲜菇品质，而且危害人体健康。三是直接危害工作人员，菌螨爬到人体上与皮肤接触后，将引起皮肤瘙痒等症状。

3．防治方法

① 菌种挑选。把好菌种质量关，挑选不带害螨的菌种接种，使菌种纯净。

② 环境卫生。菇房培养室和出菇场地要远离禽舍和麸皮仓库，发菌前先用40%乐果0.25kg与20%三氯杀螨醇混合液喷洒培养室和出菇场地，然后再将菌袋移入。

③ 清除污染源。对于污染或危害严重的培养料要及时清除，同时对污染的环境进行清洁和消毒。

④ 糖醋纱布诱杀。取沸水1000ml、醋1000ml、蔗糖100g，混匀，搅拌溶解后，滴入2滴敌敌畏拌匀即为糖醋液。把纱布放入配制好的糖醋液中浸泡湿透，再铺放在螨虫危害的培养料上或菇床上，诱集菌螨到纱布上后，取下纱布用沸水将螨虫烫死。

八、菇蝇

1．发生特点

菇蝇又称粪蝇，属双翅目。成虫体色为淡褐色或黑色，体长2～5mm。有趋光性。爬行很快，能跳跃，常在培养料表面或土层上急速地爬来爬去。卵白色、细小，散生或堆生。幼虫白色或黄白色，长3～4mm，俗称菌蛆。菇蝇在24℃时完成卵—幼虫—蛹—成虫的生活史，周期只需14天。在16℃时完成生活史则需要50天，一年周而复始可繁殖多代。

2．危害情况

成虫不直接危害蘑菇，但能传播病菌和螨。幼虫啃食菌丝及子实体，被害床面菌丝消失，子实体被啃食成蜂巢状，失去商品价值。

3．防治方法

① 卫生防治。菇棚内外要保持清洁，死菇、菇根等废弃物不得在菇棚及菇棚外附近倾倒。

② 生态防治。堆料前粪肥先进行预堆，进房后采用后发酵技术。采用优良菌种，培育强壮菌丝，增强抵抗力，可达到防止蝇蛆发生的效果。

③ 药物防治。以菊乐合酯效果最好，可用1000～1500倍稀释液喷洒，既

无药害残留，又有较好的防治效果。也可用棉球蘸敌敌畏原液吊于空间驱杀。

　　④ 菇房门窗安装纱窗，防止菇蚊、菇蝇进入菇房为害。菇房内挂杀虫灯（图5-165）和黏虫黄板（图5-166），杀灭菇房内的菇蚊、菇蝇成虫，以有效控制菇蚊、菇蝇幼虫为害。

图5-165　杀虫灯

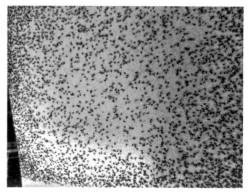
图5-166　黏虫黄板

附录

附录1　双孢菇栽培管理口诀

原料发酵把好关，成功失败最关键，
发料之前先预堆，软化原料杀虫卵。

料堆要建六层高，上盖粪肥下铺草，
碱值一般八到九，手握滴水为恰好。

覆土3～4cm厚，添加稻壳气要透，
土粒下面现原基，及时打开通风口。

结菇重水要灵活，具体分析为原则，
温度过高不喷水，低温喷水不需多。

出菇重水要适当，菇体大小细思量，
喷水过早菇损伤，喷水过迟减产量。

菇多天晴水要足，菇少阴天要适度，
喷水专有负责人，收听天气听广播。

保湿通风相结合，控制温度细把握，
精心管理善思量，蘑菇丰收才稳妥。

（朝阳市设施农业中心席海军　提供）

◉ 附录2 双孢菇层架栽培

一、建菇房、搭架子

框架结构（长18.5m，宽9m）

盖上棚膜

架子（6层，每个棚净栽培面积560m²）

二、建堆、发酵

前发酵（12～14天）

上料（厚20cm，宽1.1m）

关闭通风口

锅炉加水

后发酵（6～8天）

三、播种、发菌

播种（1.5瓶/m²）

发菌（25～30天）

四、覆土、出菇

覆土（厚度3cm）

出菇

五、采收、加工

采收

加工

（凌源蔬菜花卉管理局　司海静　辛颖　提供）

● 附录3　双孢菇发酵料仓建造施工及配套设备

一、双孢菇培养料隧道发酵场平面设计图

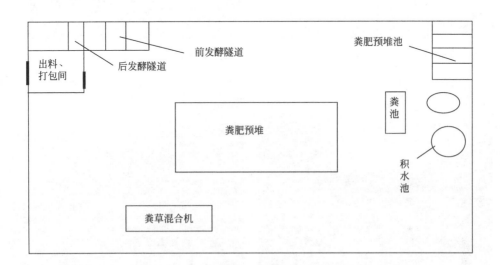

二、发酵隧道土建部分

平整场地测绘施工区

条形基础上砌筑墙体

浇筑构造柱和圈梁

铺设带斜度碎石垫层

第一层放水墙体抹灰

风机室侧面穿墙花洞

排水管道

排水

安装遮雨棚钢结构桁架

安装遮雨棚顶板

三、风控部分的建设

敷设高压通风管路

敷设承载钢筋网

制作通风槽口

敷设通风槽口

料仓通风管承载网槽口组合

C25商砼整体浇注

C25商砼整体浇注结束

商砼固化12h

取出槽口预置木条

形成通风槽口

一次发酵连接离风机和主风管

二次发酵风机系统

四、建好隧道

建好的一次发酵隧道

建好的二次发酵隧道

五、发酵隧道的配套设备

轮式装载机

（运输秸秆、畜禽粪便、培养料及混料等）

混料机

（将草、粪肥、水混合的功能）

摆动式抛料机

（将料从一个隧道倒入另一条隧道）

上料机组

（将培养料输送到菇房）

下料机组

（将培养料由菇房下料输出）

离心风机

（用于发酵隧道空气的内外循环）

高压风嘴

空调机组

（安广杰　提供）

● 附录4　双孢菇工厂化生产技术流程

双孢菇工厂化生产是利用隧道设施完成一次发酵和二次发酵，利用空调菇房完成栽培出菇的分段式生产工艺。这种生产工艺一个栽培周期是90天。

一、发酵

发酵作料时间合计为23天，发酵环节第一天到第二十三天工艺安排如下。

1. 培养料的配比（推荐配方）

基本配方：干麦秆53％～55％、干鸡粪或牛马粪42％～47％、石膏3％～4％、尿素0.2％、豆粕2％。

以栽培面积480m²的菇房（长50m、宽5m、高5m）为例，需要优质麦秸28t、鸡粪22t、石膏2.2t、尿素90kg、豆粕1.2t。

2. 培养料的堆制发酵

发酵作料时间表

发酵阶段	程序	时间	场所和要求
一次发酵	预湿	2天	混拌机械或化粪-浸草池，草粪含水量达73％～75％
	预堆	3～4天	露天料场，翻堆1次，料温70℃
	发酵	8～14天	发酵槽，倒仓2～3次，料温80℃
二次发酵	升温	1天	发酵隧道
	杀菌	8～12h	巴氏杀菌温度：58～60℃
	发酵	5～6天	温度范围：48～52℃

（1）**混料调质**　混料调质后培养料质量控制数据是：初始含氮量1.5％～1.7%，含水量73％～75%，pH值8.3％～8.5%，碳氮比（23～27）:1。

（2）**料仓前一次发酵**　料仓前一次发酵后质量控制数据是：含水量73.5％～74.5%，pH值8.0～8.2，氮含量1.7％～1.9%，碳氮比（21～26）:1。

（3）隧道后二次发酵　隧道后二次发酵后质量控制数据是：含水量66%~68%，pH值7.5~7.7，氮含量1.9%~2.1%，碳氮比（14~16）:1。

经过23天的一系列发酵过程，此时的二期培养料已经具备播种出菇条件，将转入下一阶段进行栽培管理。

二、栽培出菇

栽培出菇阶段耗时合计67天（播种、发菌、覆土、降温、采菇、下料6个环节），这个环节需要在环境可控的标准出菇车间完成。

1. 第二十三天，播种及菌丝培育

料温降到26~28℃，利用专用运料车转运至出菇房的自动化上料机处，进行播种上料作业，播种量为0.8kg/m²。

2. 第三十八天，覆草炭土

在料面均匀覆盖厚度3~4cm草炭土。草炭土配置配方：草炭土85%、碳酸钙15%。将草炭土的pH调整为7.5~7.8，水分调整到75%~78%。覆草炭土完毕后，需要对培养床面的草炭土浇水。浇水量为每日1~1.5L/m²，持续5~7天。此步骤中，室温20~23℃，料温24~26℃，空气湿度控制在93%~95%；二氧化碳浓度前4天控制在0.8%~1%，后4天控制在1%~1.3%。

3. 第四十七天，搔菌

菌丝穿透草炭土厚度的70%~80%，此时用耙等工具，将草炭土表面2cm左右厚度耙松。室温23~25℃，料温26℃以下，空气湿度95%，二氧化碳浓度1.3%~1.5%。

4. 第四十九天，调整

将床面上多余的草炭土用耙等工具除掉，室温控制在25℃，料温控制在27℃以下，湿度控制在95%，二氧化碳浓度1.5%~1.6%，保持12~24h。

5. 第五十天，降温刺激

需要对培养床面的培养料浇水一次，浇水量为0.5~0.8L/m²。室温15~17℃，料温22℃以下，空气湿度70%~78%，二氧化碳浓度0.8%~1.0%，降温过程需要30~38h完成，持续约3天。之后，当菇蕾直径为0.5~1.5cm时，再次对栽培床面进行浇水，每日2.5~3L/m²，将

草炭土水分调整在77%～79%，需在三天内将水浇完。此时，室温控制在16～18℃，培养料温度控制在20～22℃，空气湿度控制在65%～70%，二氧化碳浓度0.8%～1.2%。

6. 第六十一天，采第一批蘑菇

采摘周期为3～4天。采摘结束后，对培养床面进行浇水，每日1.5～2L/m²，持续3～4天。此步骤中，室温控制在16～20℃，培养料温度控制在18～22℃，空气湿度控制在65%～80%，二氧化碳浓度0.8%～1.5%。风筒下要挂带孔薄膜防止吹干床面。

7. 第六十八天，采第二批蘑菇

采摘周期为3～4天。采摘结束后，对培养床面进行浇水，每日1.5～2L/m²，持续3～4天。此步骤中，室温控制在16～20℃，培养料温度控制在18～22℃，空气湿度控制在65%～80%，二氧化碳浓度0.8%～1.5%。

8. 第七十五天，采第三批蘑菇

采摘周期为3～4天。采摘结束后，对培养床面进行浇水，每日1.5～2L/m²，持续3～4天。此步骤中，室温控制在17～20℃，培养料温度控制在18～22℃，空气湿度控制在65%～80%，二氧化碳浓度0.8%～1.5%。

9. 第八十三天，采第四批蘑菇

采摘周期为3～4天。采摘结束后，对培养床面进行浇水，每日1.5～2L/m²，持续3～4天。此步骤中，室温控制在18～20℃，培养料温度控制在19～22℃，空气湿度控制在65%～80%，二氧化碳浓度0.8%～1.5%。

10. 第九十天，下料

将使用过的培养料取出，转入新的培养料，进行下一周期的蘑菇生产。

整个栽培环节耗时合计67天，加上发酵环节耗时23天，双区制双孢菇工厂生产整个生产周期耗时90天。

（安广杰　提供）

附录5 双孢菇生产管理记录表

1. 化验报告单

批次：	□原料		□培养料		□草炭土		日期：	年 月 日
试样名称		试样数量		送检人		送检时间	时 分	
送检项目		□含水量	□含氮量	□氨气	□pH值	□生物量		
接收人		检验人		报告时间		日 时 分		
检验结果								
工程师评语：							签字：	
备注：								

2. 蘑菇培养料配方分析计算表

日期： 年 月 日			投产批次：			计划进菇房号：	
原料	重量/kg	含水量/kg	干物质重量/kg	C/%	总碳量C/kg	N/%	总氮量N/kg
培养料碳氮比（C/N）		培养料初始含氮量/%					
备注：							

3. 前一次发酵温度记录表

批次：									记录人：				
日期	时间	空温1/℃	空温2/℃	空温3/℃	平均空温/℃	料温1/℃	料温2/℃	料温3/℃	平均料温/℃	工况	风量	班次	备注
月 日													

续表

批次：								记录人：				
日期	时间	空温1/℃	空温2/℃	空温3/℃	平均空温/℃	料温1/℃	料温2/℃	料温3/℃	平均料温/℃	工况	风量	班次	备注
月　日													

4．后二次发酵温度记录表

批次：				房间号：			记录人：				
日期	时间	空温1/℃	空温2/℃	空温3/℃	平均空温/℃	料温1/℃	料温2/℃	料温3/℃	平均料温/℃	风速/(m³/h)	新风/(m³/h)	处理备注	班次
月　日													
月　日													

5．菇房管理工艺流程跟踪表（发菌段）

培养料批号：		菇房号：		菌种号：				装床面积：	
播种日期	室外空气温度/℃	室内		培养料化验结果					培养料质量评
		空温/℃	料温/℃	含水量/%	pH值	N/%	NH₃/%	线虫	螨虫	

6. 菇房管理工艺流程跟踪表(覆土段)

培养料批号：　　　　　菇房号：　　　　　覆土厚度：　　　年　月　日

覆土日期	室外空气温度/℃	室内		覆土配比	原料名称	质量/kg	覆土化验结果				备注
		空温/℃	料温/℃		草炭土		持水量/%	pH值	螨虫	线虫	
					石灰岩						

7. 菇房管理工艺流程跟踪表(采菇段)

培养料批号：　　　　　菇房号：　　　　　记录人：

日期(月 日)	温度		喷水量及用药情况	产量/kg	日期(月 日)	温度		喷水量及用药情况	产量/kg
	白天/℃	夜晚/℃				白天/℃	夜晚/℃		

8. (　　　)月生产表

日期	浸料	捞料	一次入	加辅料转一次	出料仓加辅料	装托盘进二次	二次发酵	播种发菌	覆土准备	出仓覆土	降温	采菇1潮	采菇2潮	采菇3潮	消毒	下料	日产汇总	备注

9．采菇统计表

序号	菇房号	姓名	工号	A级		B级		C级		合计
				kg	kg	kg	kg	kg	kg	kg
日产合计										

年　月　日

库管签名：　　　　　　　　　　　　　　　　　　采菇班长签名：

10．菇房冷库工作记录表

年　月　日

	菇房号	A级	B级	C级	合计
采菇班入库记录		kg	kg	kg	kg
		kg	kg	kg	kg
	合计	kg	kg	kg	kg
出菇记录	销售对象	A级	B级	C级	合计
		kg	kg	kg	kg
		kg	kg	kg	kg
	合计	kg	kg	kg	kg
库存情况		A级	B级	C级	合计
		kg	kg	kg	kg
冷库温度记录					
冷库消毒记录					
冷库管理员签字			主管领导签字		

11．清扫清洁记录表

班组	时间	清扫人员	检查人员
	月　日　时　分		
	月　日　时　分		
	月　日　时　分		

（安广杰　提供）

附录6 食用菌栽培名词注释

食用菌：能够形成大型肉质或胶质的子实体或菌核类组织并能供人们食用或药用的一类大型真菌，俗称"蘑菇"或"菇""蕈"。

木腐型食用菌：以木质素为主要碳源的食用菌。野生条件下生长在死树、断枝等腐木上，栽培时可以用断木或木屑等作材料，如香菇、木耳、灵芝等。

草腐型食用菌：以纤维素为主要碳源的食用菌。野生条件下生长在草、粪等有机物上，栽培料应以草、粪等为主要原料，不需消耗林木资源，如双孢菇、姬松茸、草菇等。

菌丝体：食用菌的孢子吸水膨大，长出芽管，芽管不断分枝伸长形成管状的丝状群，通常将其中的每一根细丝称为菌丝。菌丝前端不断地生长、分枝并交织形成菌丝群，称为菌丝体。

子实体：子实体是由已分化的菌丝体组成的繁殖器官，是食用菌繁衍后代的结构，也是人们主要食用的部分。伞菌子实体的形态、大小、质地因种类的不同而异，但其基本结构相同，典型的子实体是由菌盖、菌褶、菌柄和菌托等组成。

菌种：人工培养并可供进一步繁殖或栽培使用的食用菌菌丝体，常包括供菌丝体生长的基质在内，共同组成繁殖材料。优良的菌种是食用菌优质、高产的基础，对食用菌生产的成败、经济效益的高低起着决定性作用。

母种（一级种）：是指在试管中培养出的菌种，是采用孢子分离或子实体组织分离获得的纯菌丝体。再经出菇实验证实是具有优良性状和生产价值的菌株。

原种（二级种）：是将母种接到无菌的棉籽壳、木屑、粪草等固体培养基上所培养出来的菌种。二级种常用瓶培养，以保持较高纯度。二级种主要用于菌种的扩大生产，有时也作为生产种使用，如猴头菇、金针菇用二级种作生产种。

栽培种（三级种）：由原种转接、扩大到相同或相似的培养基上培养而成的菌丝体纯培养物，直接应用于生产栽培，也称三级种。三级种可用瓶作容器培养，也可用耐高温塑料袋作为容器培养。

碳源：指供应食用菌细胞的结构物质和代谢能量的物质，是构成细胞和代谢产物中碳架来源的营养物质。食用菌的碳源物质有纤维素、半纤维素、木质素、淀粉、果胶、戊聚糖类、有机酸类、有机醇类、单糖、双糖及多糖类物质。

氮源：指能被食用菌吸收利用的含氮化合物，是合成食用菌细胞蛋白质和核酸的主要原料。食用菌的氮源物质有蛋白胨、氨基酸、酵母膏、尿素等。

碳氮比：培养料中碳总量与氮总量的比值，它表示培养料中碳氮浓度的相对量。一般食用菌营养生长阶段的碳氮比为20：1，而生殖阶段碳氮比为

（30 ~ 40）∶1，但是不同的食用菌要求最适碳氮比不同。

变温结实：食用菌形成原基和子实体时，其生长环境的温度必须有较大的温度变化，这种食用菌的出菇方式就是变温结实。常见变温结实的食用菌有香菇、金针菇、平菇等。

恒温结实：子实体分化时不要求温度的变化，变温刺激对子实体分化无促进作用。常见恒温结实的食用菌有木耳、灵芝、猴头菇、草菇、大肥蘑菇等。

灭菌和消毒：灭菌是用物理或化学的方法杀死全部微生物。消毒是用物理或化学的方法杀死或清除微生物，或抑制微生物的生长，从而避免其危害。

常压灭菌：是将灭菌物放在灭菌器中蒸煮，待灭菌物内外都升温至100℃时，视灭菌容器的大小维持12 ~ 14h。此法特别适合大规模塑料袋菌种或熟料栽培菌筒的灭菌。

高压灭菌：用高温加高压灭菌，不仅可杀死一般的细菌，对细菌芽胞也有杀灭效果，是最可靠、应用最普遍的物理灭菌法。高压蒸汽灭菌主要用于母种培养基灭菌，也可用于原种和栽培种培养料灭菌。一般琼脂培养基121℃（压力1kg/cm²）下灭菌30min；木屑、棉壳、玉米芯等固体培养料126℃（压力1.5kg/cm²）下灭菌1 ~ 1.5h；谷粒、发酵粪草培养基灭菌2 ~ 2.5h，有时延长至4h。

生料栽培：培养料不经过灭菌处理，直接接种菌种从而栽培食用菌的栽培方法。

发酵料栽培：将食用菌培养料经过堆制发酵处理后再接种栽培的叫发酵料栽培。发酵料栽培是介于生料和熟料两者之间的方法，也称半生料栽培。

熟料栽培：以经过高压或常压灭菌后的培养料来生产栽培食用菌，这种栽培方式称为熟料栽培。

勒克斯：也叫米烛光，简称勒，用lx表示。是亮度单位，指距离一支标准烛光源1m处所产生的照度。在正常电压下，普通电灯1W的功率相当1烛光，或1lx。如100W的电灯，1m处的光照度为100烛光，或者100lx。

空气相对湿度：表示空气中的水气含量和潮湿程度的物理量，常用干湿球温度计测定。干湿球温度计是应用干湿温差效应的一种气体温度计，又称温湿度计，用来测定温度和空气相对湿度。

酸碱度：水溶液中氢离子浓度的负对数，用pH值表示。酸碱度的应用范围在1 ~ 14之间。pH7.0为中性，小于7.0为酸性。大于7.0为碱性。pH值愈小，酸性愈大，pH值愈大，碱性愈大。

生物学效率：鲜菇质量与所用的干培养料的质量百分比。如100kg干培养料生产了80kg新鲜食用菌，则这种食用菌的生物学效率为80%，生物学效率也称为转化率。

○ 附录7　食用菌栽培常用主辅料碳氮比（C／N）

类别	原料名称	C/%	N/%	C／N	类别	原料名称	C/%	N/%	C／N
草料	麦草	46.5	0.48	96.9	粪肥	马粪	12.2	0.58	21.0
	大麦草	47.0	0.65	72.3		黄牛粪	38.6	1.78	21.7
	玉米秆	46.7	0.48	97.3		奶牛粪	31.8	1.33	23.9
	玉米芯	42.3	0.48	88.1		猪粪	25.0	2.00	12.5
	棉籽壳	56.0	2.03	27.6		羊粪	16.2	0.65	24.9
	葵籽壳	49.8	0.82	60.7		干鸡粪	30.0	3.00	10.0
农产品下脚料	麦麸	44.7	2.20	20.3	化肥	尿素［$CO(NH_2)_2$］	46.0		
	米糠	41.2	2.08	19.8		碳酸氢铵［NH_4HCO_3］	17.5		
	豆饼	45.4	6.71	6.8		碳酸铵［$(NH_4)_2CO_3$］	12.5		
	菜籽饼	45.2	4.60	9.8		硫酸铵［$(NH_4)_2SO_4$］	21.2		
	啤酒糟	47.7	6.00	8.0		硝酸铵［NH_4NO_3］	35.0		

○ 附录8　食用菌培养基含水量计算表

培养基含水率／%	100kg干料应加入的水／kg	料水比	培养基含水率／%	100kg干料应加入的水／kg	料水比
50.00	74.00	1∶0.74	54.50	91.20	1∶0.91
50.50	75.80	1∶0.76	55.00	93.30	1∶0.93
51.00	77.60	1∶0.78	55.50	95.50	1∶0.96
51.50	79.40	1∶0.90	56.00	97.70	1∶0.98
52.00	81.30	1∶0.81	56.50	100.00	1∶1.00
52.50	83.20	1∶0.83	57.00	102.30	1∶1.02
53.00	85.10	1∶0.85	57.50	104.70	1∶1.05
53.50	87.10	1∶0.87	58.00	107.10	1∶1.07
54.00	89.10	1∶0.89	58.50	109.60	1∶1.10

续表

培养基含水率 / %	100kg干料应加入的水 / kg	料水比	培养基含水率 / %	100kg干料应加入的水 / kg	料水比
59.00	112.20	1∶1.12	62.50	132.00	1∶1.32
59.50	114.80	1∶1.15	63.00	135.10	1∶1.35
60.00	117.50	1∶1.18	63.50	138.40	1∶1.38
60.50	120.30	1∶1.20	64.00	141.70	1∶1.42
61.00	123.10	1∶1.23	64.50	145.10	1∶1.45
61.50	126.00	1∶1.26	65.00	148.80	1∶1.49
62.00	128.90	1∶1.29	65.50	152.20	1∶1.52

注：风干培养料含结合水以13％计。每100kg干料应加入水的计算公式如下：
100kg干料应加入的水（kg）＝（培养基含水量－培养料结合水）/（1–含水率）×100。

附录9　食用菌常见病害的药剂防治

药品名称	使用方法	防治对象
石炭酸	3%～4%溶液环境喷雾	细菌、真菌
甲醛	环境、土壤熏蒸、患部注射	细菌、真菌
新洁尔灭	0.25%水溶液浸泡、清洗	真菌
高锰酸钾	0.1%药液浸泡消毒	细菌、真菌
硫酸铜	0.5%～1%环境喷雾	真菌
波尔多液	0.1%药液环境喷雾	真菌
石灰	2%～5%溶液环境喷洒；1%～3%比例拌料	真菌
漂白粉	0.1%药液环境喷洒	真菌
来苏尔	0.5%～0.1%环境喷雾；1%～2%清洗	细菌、真菌
硫黄	环境熏蒸消毒	细菌、真菌
多菌灵	1∶800倍药液喷洒；0.1%比例拌料	真菌
苯来特	1∶500倍药液拌土；1∶800倍药液拌料	真菌
百菌清	0.15%药液环境喷雾	真菌
代森锌	0.1%药液环境喷洒	真菌
克霉灵	100倍药液拌料，30～40倍药液注射或喷雾	细菌、真菌

附录10　食用菌常见虫害的药剂防治

药剂名称	使用方法	主要防治对象
石炭酸	3%～4%溶液环境喷雾	成虫、虫卵
甲醛	环境、土壤熏蒸	线虫
漂白粉	0.1%药液环境喷洒	线虫
硫黄	小环境燃烧	成虫
40%速敌菊酯	1000倍药液喷雾	菇蚊、菇蝇、跳虫
10%氯氰菊酯	2000倍药液喷雾	菇蚊、菇蝇
80%敌百虫	1000倍药液喷雾	菇蚊、菇蝇
20%速灭杀丁	2000倍药液喷雾	菇蚊、菇蝇
25%菊乐合酯	1000倍药液拌土	菇蚊、菇蝇、跳虫
除虫菊粉	20倍药液喷雾	菇蚊、菇蝇
鱼藤精	1000倍药液喷雾	菇蚊、菇蝇、跳虫、鼠妇
氨水	小环境熏蒸	菇蚊、菇蝇、螨类
73%克螨特	1200～1500倍药液喷雾	螨类

附录11　食用菌菌种生产管理

1. 母种生产管理表格

母种培养基制作记录表

配方	溶液体积/ml	试管数量/支	灭菌条件		制作日期	记录人	检查人
			时间/min	温度/℃			

母种菌种生长状况记录表

母种名称	培养设备及温度/℃	检测数量/支	长满时间/d	长势	生长速度/（mm/d）	检查时间	记录人	检查人

2. 原种、栽培种生产管理表格

原种、栽培种培养基制作记录表

配　方	袋或瓶规格		装袋或瓶数量		灭菌条件		制作日期	记录人	检查人
	袋规格	瓶规格	装袋数量/个	装瓶数量/个	时间/min	温度/℃			

原种、栽培种培养记录表

菌种名称	培养设备及温度/℃	检测数量（瓶或袋）	长满时间/d	长势	生长速度/（cm/d）	检查时间	记录人	检查人

附录12　食用菌栽培车间安全生产操作规程

① 生产现场所有工作人员必须穿工作服，佩戴工作帽，穿劳保鞋，不允许穿拖鞋、高跟鞋。

② 电器控制中的紧急开关，除发现重大的设备及危害人身安全隐患时不得随意使用。故障排除后，谁停机、谁启动。故障停止按钮、手动开关、安全开关及安全警示牌，谁操作、谁恢复。

③ 设备检查、设备检修或设备清洁保养时，操作者应首先关闭电源开关并把安全警示牌挂在控制盘上。

④ 设备运转中不得搞运转部分卫生。不得打开安全防护门。不得用手、脚

直接接触运转设备，不得野蛮操作设备。

⑤ 各岗位在生产结束或日保养完成后，关闭水、气、原料管道开关。车间下班后，班组长、车间主任负责安全检查，断电、关窗、锁门，确保安全后才可离开。

⑥ 设备运转后谨慎拆开保护罩，发生物料堵塞必须停机，待完全停机后，方可排除故障。

⑦ 机器运转时，如发现运转不正常或有异常声音，应立即停车并及时通知电动维修人员，不得擅动。故障排除后方可开机使用。

⑧ 严禁在生产现场及更衣室等场所吸烟，生产中在岗工作人员不得擅自脱岗吸烟。

⑨ 开机前检查信号和设备部件是否正常，机器各部件和安全防护装置是否安全可靠，润滑是否良好，机器周围地面有无杂物，各参数是否符合工艺要求。

⑩ 维修设备结束后，通知本地操作人员，必须经试运转正常后方可投入使用，并跟踪带料后的运转情况。并对维修现场进行清理，清理现场存留的螺栓、油污、棉丝等杂物。各种防护罩必须立即装上，没有的要立即装配齐全。

⑪ 车间突然停电时，所有人员应该立即停止正在进行的工作，关闭正在使用的水、压缩空气截门等设备开关，来电后统一恢复。

⑫ 进厂新员工必须经三级安全培训，合格后方可单独上岗作业。

⑬ 水、电混用，用水时必须断电后再操作。

⑭ 员工有权拒绝危险性操作。

参考文献

［1］黄毅. 食用菌栽培（上、下册）［M］. 北京：高等教育出版社，1998.

［2］曹德宾，孙庆温，王世东. 绿色食用菌标准化生产与营销［M］. 北京：化学工业出版社，2004.

［3］潘崇环，孙萍. 新编食用菌栽培技术图解［M］. 北京：中国农业出版社，2006.

［4］崔颂英. 食用菌生产与加工［M］. 北京：中国农业大学出版社，2007.

［5］张金霞，黄晨阳. 无公害食用菌安全生产手册［M］. 北京：中国农业出版社，2008.

［6］贺新生. 羊肚菌生物学基础、菌种分离制作与高产栽培技术［M］. 北京：科学出版社，2017.

［7］刘伟，张亚，何培新. 羊肚菌生物学与栽培技术［M］. 长春：吉林科学技术出版社，2017.

［8］张季军，张敏，肖千明，等. 辽宁地区羊肚菌日光温室栽培技术［J］. 辽宁农业科学，2015（3）：92.

［9］贺国强，魏金康，邓德江，等. 北方地区羊肚菌日光温室栽培难点及关键技术［J］. 2017（9）：65-67.

［10］侯俊，贾倩，孟庆国，等. 大球盖菇高产关键技术［J］. 辽宁农业科学，2017（1）：89-90.

［11］金若忠，范俊岗，付宇，等. 辽宁省大球盖菇栽培技术［J］. 辽宁林业科技. 2009（3）：49-50.